U0502831

会说话的

数据可视化之道

[美]本·琼斯（Ben Jones）◎著

武传海◎译

图表

LEARNING
TO SEE DATA

How to Interpret the
Visual Language of Charts

中国科学技术出版社

·北 京·

LEARNING TO SEE DATA: HOW TO INTERPRET THE VISUAL LANGUAGE OF CHARTS (THE DATA LITERACY SERIES BOOK 2) by BEN JONES.
Copyright: ©2020 BY BEN JONES, DATA LITERACY PRESS.
This edition arranged with Data Literacy through BIG APPLE AGENCY, LABUAN, MALAYSIA.
Simplified Chinese edition copyright:
2024 China Science and Technology Press Co., Ltd.
All rights reserved.

北京市版权局著作权合同登记 图字：01-2024-4935

图书在版编目（CIP）数据

会说话的图表 : 数据可视化之道 / (美) 本·琼斯 (Ben Jones) 著 ; 武传海译 . -- 北京 : 中国科学技术出版社 , 2025. 1. -- ISBN 978-7-5236-1043-5

Ⅰ . TP31

中国国家版本馆 CIP 数据核字第 20241TX219 号

策划编辑	申永刚　褚福祎	责任编辑	高雪静　褚福祎
封面设计	创研设	版式设计	蚂蚁设计
责任校对	张晓莉	责任印制	李晓霖

出	版	中国科学技术出版社
发	行	中国科学技术出版社有限公司
地	址	北京市海淀区中关村南大街 16 号
邮	编	100081
发行电话		010-62173865
传	真	010-62173081
网	址	http://www.cspbooks.com.cn

开	本	880mm×1230mm　1/32
字	数	189 千字
印	张	8.375
版	次	2025 年 1 月第 1 版
印	次	2025 年 1 月第 1 次印刷
印	刷	北京盛通印刷股份有限公司
书	号	ISBN 978-7-5236-1043-5 / TP·500
定	价	79.00 元

（凡购买本社图书，如有缺页、倒页、脱页者，本社销售中心负责调换）

本书献给我的母亲——简（Jane）

她是我人生中教我认识世界的第一任老师。

前　言

　　让数据可视化（数据的图形化表示）是我的一大爱好。我见识过数据可视化的力量，它能打开我们的"天眼"，让我们得以看见一些意想不到的真相。我见过它让人们因一个诙谐的比喻而大笑，因一个离谱的异常值而惊呼，因一个意料之外的趋势而挠头。我也见证了识读和解释图表的能力从专家特有的专业技能，变成了普通人求职的一项基本要求。

　　当然，我也看到过数据可视化让人们困惑不已的时候。我见过有些人看见图表就回避，他们害怕识读、解释图表。我还见过有些人千方百计地质疑图表的真实性。图表可以给我们赋能，但也会给我们带来困惑和不便。

　　以前，我从没想过从事数据可视化这个职业，也不想成为一名讲师或培训师。刚从加利福尼亚大学洛杉矶分校（UCLA）毕业那会儿，我成了一名机械工程师，一心想着设计一些漂亮的机电小玩意儿。我做了一段时间机械工程师，也很喜欢这个工作。我重新设计了椭圆机，增加了其步幅宽度。我借鉴了导弹上的传感器技术，将其应用于柴油车，使其能够改变涡轮增压大小。我检修过一些带缺陷的胰岛素泵，找到了引起电池故障的神秘原因：易生锈的镀锡连接器。

所有这些工程项目都涉及数据，而且往往还涉及图表和图形，它们让我清晰地了解数据中发生了什么。虽然这些工作都挺不错，但报酬不是很理想，维持不了我们一家人在南加利福尼亚州地区的正常生活。2005年，我参加了"六西格玛"培训，并获得了"黑带"称号（该称号是从跆拳道中借用来的）。那时，时任通用电器集团董事长杰克·韦尔奇（Jack Welch）还备受推崇，当时他奉行的"数据优先"原则的一些严重副作用还没有暴露出来。

我放弃了初级工程师的头衔，换来了一个花哨的"黑带"称号，对此，我父亲是无论如何都无法理解的。我开始与流程负责人紧密合作，减少公司内部各种无谓的浪费，同时尽力解决那些让公司蒙受损失的各种问题。作为公司内部顾问，我接受了两个多小时的软技能培训，而对于我做的事，大家褒贬不一，有人说我是英雄，有人说我是祸害。

各种培训、各种颜色的腰带、各种金星项目奖杯看上去花里胡哨的，但是我们确实给公司节省了很多钱。对此，我深信不疑。在这个过程中，我逐渐认识到一点：只要把数据恰当地可视化，它就有能力改变人们的思维，乃至改变未来。

我也慢慢喜欢上了数据可视化。我查阅了所有能找到的各大数据博主的网站内容提要。安迪·柯克（Andy Kirk）和邱南森（Nathan Yau）等专业精英是我的偶像，我期望能够找到一条道路，让我把这个爱好变成一份全职工作。长路漫漫！

于是，我做了很多追梦人在绝望时都会做的一件事：写博客。我开通了一个博客，起名为重混数据（Data Remixed）。不管怎样，总算迈出了第一步。

仅仅过了 12 个月，我就被脸书[①]（Facebook）、娱乐与体育电视网（ESPN）等大公司相中了，我简直不敢相信这一切都是真的。我的人生来到了一个十字路口。我的职业梦想再次被点燃，我想尝试一下，问问"群像"软件公司（Tableau）[②]是不是有兴趣聘用我。它们觉得我确实不错，而且最终聘用了我。随后，我就搬到西雅图去了，没去硅谷，也没去布里斯托尔（康涅狄格州）。我很喜欢这家公司，在那里我一直在做自己想做的事。我希望每个人在自己职业生涯的某个阶段都有类似的感觉。

近 10 年来，我写了 5 本书，教过几千个学生，才有底气跟别人说自己是教授和写作数据相关知识的。我和妻子贝姬（Becky）一起创办了"数据素养"（Data Literacy）公司，我非常喜欢它。我觉得自己很幸运。公司虽然成立时间不长，但我们已经取得了一些不错的进展。在新冠疫情期间带领一家全新的企业渡过难关并非易事，没有贝姬的帮助，我不可能做到这一点。

---

① 　现名元宇宙（Meta）。——编者注
② 　一家致力于帮助人们查看并理解数据的公司。——编者注

本书献给我的母亲简。她是一个很有趣的人（这话是她自己说的），如果你见到她，我保证你一定会喜欢她。我将本书献给我的母亲，因为她是第一个教会我如何看待周围一切的人。虽然她没有教我如何看懂数据，但是她教会了我如何去发现他人和自己身上美好的一面。缺少了这个能力，恐怕我也无法取得现在的成就。

谢谢你，妈妈！

目 录

引 言

> "盯着图表看，跟看进去完全是两码事。"
>
> ——玛丽·埃莉诺·斯皮尔（Mary Eleanor
> Spear）

日常工作中，当看见一张图表或者一个数据仪表盘时，你的第一反应是什么？也许是好奇，它们会激起你的好奇心，会促使你主动去了解它们想告诉你些什么（关于你周围的一切）；也许是不安或恐慌，你会担心它们是不是对你一点意义都没有。

我们中有很多人是第二种反应，这是个很大的问题。众所周知，在工作和生活中，我们会跟各种各样的数据打交道，三大应用领域（专业领域、公共领域、私有领域）中的数据让我们应接不暇，甚至淹没其中。

工作中，我们会见到各种各样的数据图表、图形，它们大都与我们所从事的行业有关，比如反映整个公司、团队业绩的各种图表。生活中，我们也会见到各种仪表盘，它们展现了许多重要信息，大都与我们的社会生活息息相关，比如公共卫生事务、选举结果等。此外，在每个人的私人生活中，我们也会经常看到各种图表，比如关于个人财务状况、身体健康情况等的图表。

面对铺天盖地的图表，我们的大脑是如何解读它们，搞清楚它们所表达的真正信息的呢？而且，它们最初是如何制作的呢？条形图和饼图有什么区别？不同的线条、图例、形状和颜色有什么含义？

　　本书的首要目标是，培养你识读和解读在工作和生活中遇到的各种数据图表的能力。

　　为了实现这个目标，我们需要从两个不同的角度进行讲解：理论角度和实践角度。通过学习理论知识，你将了解并掌握一些与数据可视化相关的基本概念和原则。通过学习和实践内容，你解读各种数据图表、图形的能力会得到大大提升，而且从图表中提取新知识的能力也会得到明显增强。这两个角度都很关键。

　　本书共有八章，每章都聚焦于数据展现时的某一个视角，比如从部分到整体、随时间变化的趋势等。每一章都有自己的一套常用图表类型，用以从特定角度展现数据间的关系。请注意，尽管本书并未罗列出所有图表类型，但是最重要的图表类型都包含在内，甚至还有一些不怎么重要的图表类型也在其中。

　　本书出现的图表中，你会时常看到下面这个标牌："数据陷阱警示"标牌。

当一个图表旁出现这个警示标牌，表示这个图表在某些方面具有一定的误导性，容易使人误入歧途。要成为一个好的旅游达人，你得知道哪里不能去。当你在路旁看到这个标牌时，就应该明白前面会有一些低洼和急转弯，通过时一定要加倍小心。

关于人们在处理数据时的常犯错误，如果你想了解更多相关内容，建议你买一本《数据陷阱》①（*Avoiding Data Pitfalls*）读一读。

接下来，简单介绍一下编写本套课程的一些灵感来源。现在数据可视化语言比以往任何时候都更重要，这一点不算什么新鲜事。威廉·普莱费尔（William Playfair）、弗洛伦斯·南丁格尔（Florence Nightingale）、W.E.B. 杜波依斯（W.E.B. DuBois）等前辈创造了这种可视化语言，并随着时间的推移不断地发展它。过去几十年中，研究人员对可视化语言做了大量研究，软件开发人员编写了一些非常强大的工具，把可视化语言的应用水平推到了一个全新的高度。

多年来，在数据可视化领域涌现出了许多杰出的人物，其中有三位女性尤其突出，她们也是本书写作的灵感来源。

第一位是玛丽·埃莉诺·斯皮尔，她是美国有名的数据

① 本·琼斯，2018，《数据陷阱》，新泽西州约翰威利父子公司出版，2022 年由中国人民大学出版社引进出版。

可视化专家，并从 20 世纪 20 年代开始，为美国各联邦机构工作了几十年。她写了两本有关数据图表的书，但都没有得到应有的重视：《统计图表》（*Charting Statistics*）（1952 年）和《实用制图技术》（*Practical Charting Techniques*）（1969 年）。

最近，我得到了一个机会，得以与她的外孙女交谈。交谈中该女士透漏，斯皮尔非常热衷于手工制作图表，而且十分注重细节。她居住在马里兰州塔科马公园时，办公室就设在家中卧室旁边的楼上，在那里她埋头制作了许多图表。本章题语摘自斯皮尔编写的《实用制图技术》[1]一书的第 63 页：

> 学会看细节。盯着图表看，跟看进去完全是两码事。"盯着看"只能得到粗浅的视觉印象，而"看进去"则指的是从不同角度深入研究图表的方方面面。

第二位是芭芭拉·特沃斯基（Barbara Tversky），她是斯坦福大学心理学名誉教授兼哥伦比亚大学师范学院心理学教授。在她的著作《行为改造大脑》（*Mind in Motion*）[2]中，特沃斯基清楚地解释了她和同事们多年来进行的实验。书中给出了许多富有启发性的见解，让我们得以了解大脑是如何使用视野中的物体和对象的，这些对象就包括本书中讲解的各种数据图表。

---

[1] 玛丽·埃莉诺·斯皮尔，1969，《实用制图技术》，麦格劳·希尔公司出版。

[2] 芭芭拉·特沃斯基，2019，《行为改造大脑》，纽约基础图书出版公司出版。

第三位是塔玛拉·蒙兹纳（Tamara Munzner），她是一位美裔加拿大籍科学家，也是信息可视化专家，在不列颠哥伦比亚大学担任计算机科学教授。蒙兹纳撰写的《可视化分析与设计》（*Visualization Analysis and Design*）[①]一书是信息可视化领域的扛鼎之作。如果你希望深入了解信息可视化领域，该书将是你的必读之作。而在本书中，我们使用了蒙兹纳和插画师埃蒙·麦奎尔（Eamonn Macquire）精心设计的图形图表，并遵循"知识共享"协议与大家分享。在解释有关图形标记和可视化编码通道的基本概念方面，没有哪本书能比蒙兹纳的书讲得更清晰、更透彻的了。

好，让我们开始吧！当前，具备熟练识读数据可视化语言能力的人并不多，大多数成年人都没有接受过识读图表的正规教育。许多人连常见的简单图表（如折线图或点图）所表达的含义和信息都搞不清，树图和箱线图等复杂的图表就更不用说了。

我希望这本书能够解决这个紧迫的问题，帮助大家学会识读各种图表，缩小与当前时代要求的差距。一点点来，就先从你开始吧。祝你好运，同时希望你能感受到学习的乐趣！

---

① 塔玛拉·蒙兹纳，2014，《可视化分析与设计》，博卡拉顿 AK Peters/CRC 出版社出版。

第 1 章

以图表形式编码数据

"视觉系统为我们的大脑提供了一个高带宽的通道。"

——塔玛拉·蒙兹纳

我们大多数人每周（甚至每天）都会遇到大量数据图表。我们看到的数据图表往往都是相对简单易懂的，比如按季度显示公司销售额的条形图。有时我们也会看到一些比较复杂的图表，比如按产品和行业分类的多面销售仪表盘，这些图表理解起来就会困难一些。有时，有些看似简单的图表也会令人困惑不已。

在本书中，我们主要讲的是如何解读数据图表，而不是如何制作数据图表。数据图表无处不在，在信息流动过程中，数据图表的制作者和解读者都扮演着十分重要的角色。在后续的图书和课程中，我们会讲解如何把原始数据转换成真知灼见和智慧，届时我们也会好好讲一讲如何制作数据图表。

不过，现在让我们先站在信息接收者（即图表识读者或解读者）的角度上，了解并学习一下相关内容。随着时间的推移，我们接触到的数据图表会越来越多，有简单的，也有复杂的。对于每个人来说，学会识读各种图表也变得越来越重要。

● 1.1 人类视觉系统

要熟练解读数据图表，首先我们必须了解人类视觉系统在看到这些图表时是如何工作的。视觉系统是中枢神经系统的一个重要组成部分，借助它，我们能够快速识别出某些固定模式，处理视野内物体的相关信息。正如本章题语所说，视觉系统是一个高带宽的通道，通过它，我们能够获得数量惊人的信息。

在《会说话的数据：人人都需要的数据思维》①（以下简称《会说话的数据》）中，我们简单地介绍了人类视觉系统的组成结构，其实在解读数据图表的过程中，人类视觉系统同样发挥着巨大的作用，因此这里我们有必要再回顾一下相关知识。

首先，光线从光源发出（或者经过物体的反射）经由角膜和晶状体进入我们的眼睛，角膜和晶状体将光线折射后照射到视网膜背面形成图像。然后，视网膜上的视杆细胞和视锥细胞把图像转化为电脉冲，由视神经经过丘脑中的外侧膝状体核（LGN，感知信息的中继站）传递到大脑的视觉皮层（视觉皮层位于头骨后部的枕叶中）。

图 1.1 展现了人类视觉系统的各个部分，包括来自左右视

---

① 本·琼斯著，武传海译，中国原子能出版社、中国科学技术出版社出版，2024 年。

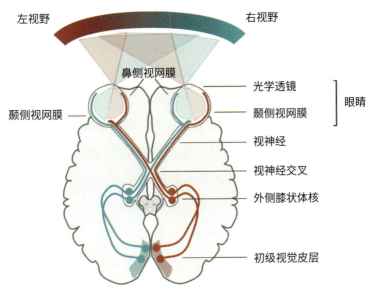

图 1.1　人类视觉通路

野的光线进入人眼后的传播通路，以及转换成电脉冲进入人脑的过程。

　　经过上面这个过程后，一个视力正常的人就能感知到周围环境中物体的形状、颜色、纹理、运动等。而且，我们的大脑会利用接收到的视觉信息来回答一些与视觉相关的问题，如下：

- 我看到了多少个不同的物体？
- 我可以觉察到这些物体有哪些相同点和不同点？
- 物体有无分组或分堆？
- 我能找到某个具有特定特征（如大小、形状、颜色）的物体吗？

● 所有物体中，哪些物体相对来说更长、更大、更歪、更暗、移动得更快？

● 一个物体比另外一个物体长多少、大多少、歪多少、暗多少、快多少？

尽管我们的视觉系统很强大，但它也不是永远绝对正确，视觉皮层在解读视觉信号时可能会出现问题。例如，有时会产生错觉，图 1.2 中的四条水平线是平行的，中间两条平行线在中间好像发生了弯曲，但其实它们是完全水平且平行的。如果不信，你可以找一把直尺来验证一下。

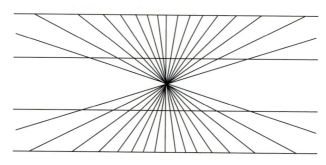

图 1.2　视觉错觉：中间两条平行线好像弯曲了

而且，事实证明，不同视觉任务执行的难易程度不一样，有些做起来天然就比另外一些轻松、容易得多。例如，相比于估计两个圆的面积（或两个球的体积）相差多少，通过眼睛估计两条直线的长度之差往往更容易，也更精确。

视觉系统的这些特点与识读数据图表密切相关，每当我们解读所遇到的图表、仪表盘等时，这些视觉系统的特点和差异就会表现出来，而且发挥着重要作用。搞清楚哪些任务做起来容易，哪些做起来难且容易犯错，有助于我们避开两个常见的陷阱：一是误解陷阱，二是自责陷阱。人们经常误解图表，而且经常觉得图表有问题。其实，类似情况我们每个人都会遇到，因为这些情况大都是由大脑自身工作方式造成的。

事实上，我们当前正在看的图表不一定能给我们提供所需要的信息，这取决于图表中包含什么，以及图表是如何构建的。有些图表本身制作得或许很糟糕，或许制作的图表只是为了帮助某个人去做另一个不同的心理任务。从这种情况来说，图表的细节就显得格外重要了。

不论谁看到这些"错误"的图表，都很难找到自己所需要的答案。当然，这并不代表你看到的图表毫无用处，或许它只是不适合用来回答你提出的问题或你要完成的任务而已。那么，在这些情况下，我们该怎么做？

我们需要仔细观察图表，搞清图表由哪些元素组成，以及这些元素是如何组织在一起的。搞清楚这些问题后，我们就能轻松地判断出最终图表能否给我们提供所需要的信息。

需要注意的是，不要期望每个图表都能回答关于某个特定主题的所有问题，这是不现实的。本书中，我会给大家介绍各种类型的图表，并分别点评它们用作数据展现手段时有哪些优缺点。了解数据可视化的相关概念，掌握解读数据图表的技能，这些都是提升个人数据素养的重要内容，同时也是学会识读数据图表必不可少的。

1.2 回顾数据量表类型

学习数据可视化方式之前，我们先回顾一下数据变量的几种量表类型。只有把数据本身想清楚了，我们才能知道如何把数据进行可视化。

在《会说话的数据》中，我们讲到了四种数据量表类型：定类量表、定序量表、定距量表、定比量表。这四种数据量表由哈佛大学心理学家兼研究员斯坦利·史密斯·史蒂文斯（Stanley Smith Stevens）在研究人类不同的感官输入方式（比如声音）过程中提出，时间大约是在 1946 年[①]。这四种数据量表首字母连在一起形成 N–O–I–R 一词，它恰好组成了"黑皮诺红酒"的名字，这样记起来更容易一些（见图 1.3）。

定类量表是分类量表中的一员。在定类量表中，变量的各个值之间没有特定的顺序或先后排名。一些常见的定类量表变量有名字、性别、国籍、头发颜色等。通过分析定类量表变

---

① 斯坦利·史密斯·史蒂文斯，"量表理论"，《科学》，第 103 卷（第 2684 期，1946 年）。

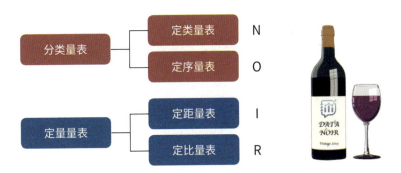

图 1.3　斯坦利·史密斯·史蒂文斯提出的四种数据量表

量，我们能知道两个项目在某些方面是否一样。

定序量表也属于分类量表，它也能告诉我们两个项目在某些方面是否相似。不同于定类量表，定序量表的各个级别之间是有一定顺序的：

- 运动员在比赛中获得了什么奖牌（金牌、银牌、铜牌）？
- 我应该买哪种码的 T 恤（小码、中码、大码、超大码）？
- 我会给刚买的产品打几颗星（1~5 颗星）？

根据定义，这些量表的不同级别之间有特定的顺序，一端排名较高，另一端排名较低。金牌比银牌好，银牌比铜牌好。因此，当比较两个实体的大小（大于、等于、小于）时，我们一般都会选定序量表。

定距量表和定比量表属于定量量表，这两个量表用的都是数字，而且前后两个数字之间的间隔都是一样的。这是什么意思呢？想一想产品评级（1~5 颗星）和装货数量（以箱

为单位，1~5 箱）（见图 1.4）之间有什么不同。先说一下产品
评级，它是一个定序量表变量，1 颗星与 2 颗星之间相差 1 颗
星，4 颗星与 5 颗星之间相差是 1 颗星，虽然同样是相差 1 颗
星，但在不同人眼里，这 1 颗星的分量是不一样的。为什么会
这样？因为给产品评级主要依靠的是个人的经验和喜好，这是
一种主观行为，而且从一个星级到另一个星级的变化也不是标
准的线性。有的人比较慷慨，他会给大部分说得过去的产品打
5 颗星；而有的人则比较严苛，他们只会给那些真正打动他们
的产品打 5 颗星。

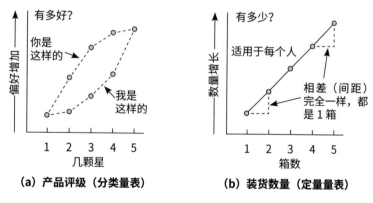

图 1.4　在定量量表中，前后两个值之间的间隔是一样的

　　相比之下，装货数量是一个定量量表，使用的是具体的
数值，各个数值之间的变化是线性的、一致的。装货数量是如
何做到线性一致的？装 1 箱货和 2 箱货，两者相差 1 箱货；装
4 箱货和 5 箱货，两者相差也是 1 箱货，差距是完全一样的。

搞清分类量表和定量量表的这种差异十分必要，因为在后面讲如何把不同类型的变量转换成视觉特征（长度、大小、颜色）时，就需要我们考虑到不同类型变量之间的这种差异。

如图 1.3 所示，定量量表又分成两类：定距量表和定比量表。定距量表和定比量表的区别在于零值的含义。在定距量表中，零值是任意指定的或者约定俗成的，比如 0°F 或 0°C。不管是在华氏温标还是摄氏温标中，零度都不表示"没有温度"（即空气分子完全不运动）。也就是说，零度代表的不是绝对零点。

而在装货数量这个例子中，装运 0 箱货物代表着一箱货物也不运，即"无"（None）。因此，装货数量是一个定比量表，它有一个绝对的零点（见图 1.5）。

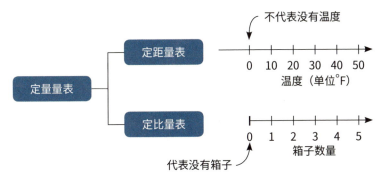

图 1.5　定距量表和定比量表的区别在于是否存在绝对零点

不过，在研究数据图表时，这种差异为什么很重要呢？当我们思考数据轴从哪个值开始，或者解释视图中各个对象之间的相对比例时，这种差异的重要性就不言而喻了。后面我们会讲到相关内容。

在《会说话的数据》一书中我们还指出，史蒂文斯提出的四量表分类法并非完美无瑕、无懈可击。例如，在他的分类法中有一些重要问题没有得到解决，如某个量是否可以取负值，或者这个量是离散的（只能取有限的值）还是连续的（理论上可以在两个值之间取无限个值）。

此外，在探索或分析数据时，我们也不应该死板地应用史蒂文斯的分类法。对于如何处理数据中的变量，我们需要保持一定的灵活性，具体应该把某个变量划成哪种量表类型，取决于我们提的问题，以及最终分析结果是否有用。如果这样做没有好处，那我们干吗还要把手脚束缚起来？

这种思维方式（即我们只是提出一般原则、指导方针和经验法则，它们不是死板的"法律"，也不是一成不变的条令）在处理数据的很多方面都适用，相信在学习本书的过程中你会体会到这一点。

◉ 1.3 图形标记和编码通道

前面我们一起回顾了数据变量的四种量表类型，接下来我们一起了解一下人们如何使用这些变量制作图表，从而向我们展现数据中包含的信息。介绍常见的图表类型前，我们先一起了解一下数据图表的两个基本构件：图形标记和编码通道。

简单地说，图形标记指的是组成图表的图形元素；编码通道指的是图形标记的某些属性，这些属性可以由数据控制。关于这两个术语，华盛顿大学计算机科学教授杰弗里·希尔（Jeffrey Heer）做了如下总结：

> 数据可视化指的是用一组图形标记来展现数据，比如条形、折线、点等。编码通道指的是图形标记的某些属性，比如位置、形状、大小、颜色，这些属性用来对底层的数据值进行编码。有了数据类型、图形标记、编码通道，我们就可以轻松地对数据做各种各样的可视化处理了。

塔玛拉·蒙兹纳（就职于不列颠哥伦比亚大学）在其开创性的著作《可视化分析与设计》一书中，给出了一些数据图表中常用的图形标记，包括点（0D）、线（1D）、面（2D），以及块（3D）（见图 1.6）。

图 1.6　蒙兹纳给出的数据图表中几种常用的图形标记

编码通道影响图形标记的呈现方式，蒙兹纳给出了制作图表时常用的几种编码通道，包括位置（水平位置、垂直位置，或两种位置），形状，颜色，倾斜或角度，1D 长短（长度），2D 大小（面积），3D 大小（体积）（见图 1.7）。

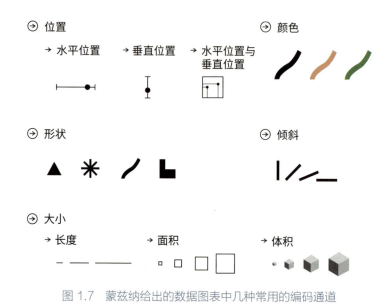

图 1.7 蒙兹纳给出的数据图表中几种常用的编码通道

　　为了帮助大家理解图形标记和编码通道是如何结合在一起共同形成我们常见的图表和图形的，下面我们举一个真实的例子。这里，我们用到一个小的数据集，它是一个表格，里面包含的是 2018 年三个人口最多国家（中国、印度、美国）的人口数量和国内生产总值（GDP）的数据（见表 1.1）。

　　表 1.1 中有五个变量，各占一列，归属于前面讲的四种量表类型。"国家"是一个定类量表变量，各个国家之间没有固定顺序。"收入组别"是一个定序量表变量，因为收入水平按照高低有一定的排列顺序，比如从高到低的顺序依次为：高、中高、中低、低。表格中只给出了三个国家，在"收入组别"

表 1.1　一个包含五个变量的简单表格

国家	收入组别	年份	人口数量（亿）	GDP（万亿美元）
中国	中高收入	2018	13.93	13.61
印度	中低收入	2018	13.53	2.72
美国	高收入	2018	3.27	20.54

中，分别属于中高、中低、高，属于"低"收入水平的国家我们没有放入表格中。"年份"是一个定距量表变量，不存在一个绝对零年来对应"无年份"或"无时间"。"人口数量"和"国内生产总值"（GDP）是定比量表变量，存在一个绝对零点（即人口为零），表示某个国家无居住人口，GDP 为 0 美元则表示经济上无任何产出。

面对这样的图表，我们如何使用图形标记和编码通道对其中的数据进行编码呢？我们可以使用如下四种方法。

a. 在图 1.8（a）中，图表中使用的是条形图形，通过条形图的长度对 GDP 变量进行编码。在图表底部，x 轴上标注的是 GDP 的数值，方便我们比较三个国家 GDP 的多少。

b. 在图 1.8（b）中，图表中使用的图形标记由矩形变成了圆点（实心点），使用圆点的横坐标（在水平 x 轴上的位置）表示 GDP 的多少。

c. 在图 1.8（c）中，我们使用圆点的颜色表示各个国家在"收入组别"中所处的级别，所处级别越高，圆点的绿色越深。

d. 在图 1.8（d）中，我们使用圆点的大小（2D 大小）表示 2018 年各个国家人口数量的多少。

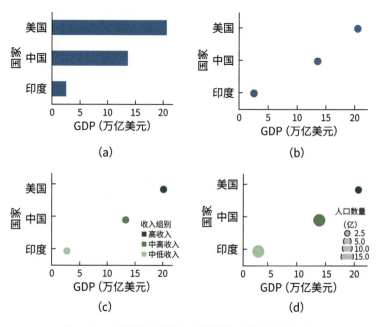

图 1.8　使用图形标记和编码通道可视化数据表格

从这个简单的例子中我们可以看到，同一组数据可以使用不同的图形标记表示，分类变量和定量变量都可以用来控制不同的可视化编码通道，帮助读者从看到的图表中获得感兴趣的信息和知识。

这有什么用？这解释了为什么数据可视化是我们理解数

据的强大工具。简而言之，图表可充当人类思考的一个捷径，帮助我们把数据轻松转化成知识。在图 1.8（d）中，我们能立马得出如下结论：2018 年，美国人口数远低于中国和印度，但 GDP 要比中国和印度高很多。同时，也能轻松得到如下结论：2018 年，中国和印度人口数量差不多，但是中国的 GDP 要比印度高出很多。

虽然我们也可以通过观察表格得到上述结论，但耗费的时间要更长一些。相比于看表格，看图表更直观，更容易得出相关结论。特别是当表格中包含几十行、几百行甚至几百万行数据时，只用眼睛看表格显然是行不通的。这些情况下，只有把数据可视化，才能快速得到相关知识。

在《会说话的数据》一书中，我们提到过 DIKW 金字塔。本例图表提供了一条自下而上攀爬 DIKW 金字塔的路径，使得我们可以把数据快速转换成知识。在 DIKW 金字塔的第一层，世界银行收集原始数据，并提供给我们使用。通过列标题中提供的计量单位，解读表格中的原始数据，把原始数据转换成信息，我们就到达了 DIKW 金字塔的第二层。然后，使用图形标记和编码通道进行快速关联，把信息转换成知识，到达 DIKW 金字塔的第三层（见图 1.9）。

上面例子中，我们只用了两种图形标记（条形和圆形）和五种编码通道（垂直位置、水平位置、条形长度、圆形颜色、圆形面积）。制作图表时，我们有大量图形标记和编码通

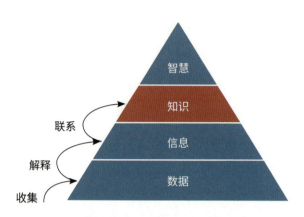

图 1.9　自下而上到达 DIKW 金字塔不同层次

道可以选用，而且可以构建出各种各样的图表，不同图表相对于某类问题各有优缺点。

深入学习不同类型的图表之前，我们先要讲一下数据编码的两个重要准则，即可表达性和有效性，这两个准则可用来评判某个图表在展现数据方面的优劣。

1.4　数据编码的可表达性

1986 年，数据可视化研究人员乔克·麦吉尼（Jock Mackiny）在其开创性著作《关系信息图形表示的自动化设计》中阐述了可表达性和有效性的含义和重要性：

做数据可视化时，图形设计要考虑可表达性和有效性两个准则。可表达性准则确定了表现目标信息所需要的图形语言。有效性准则用于判断在给定条件下，哪种图形语言能够最有效地利用输出媒介和人类视觉系统传递信息。

上面这段话中包含了很多内容，我们先从第一个准则说起：可表达性。在《可视化分析与设计》一书中，蒙兹纳说道："可表达性准则指的是视觉编码应该能够表达（且只能表达）数据集属性中的所有信息。"

这一准则在实践中是如何运作的呢？我们如何确定某种特定的编码能够满足这个准则？为什么这个准则很重要？要回答这些问题，我们可以从其反面入手，即找到一种无法表达数据集属性中所有信息的编码。

深入探讨这个主题前，我们先回顾一下前面讲到的几种数据量表：定序量表、定距量表、定比量表，这三种数据量表本身都有固定的顺序。在这三种数据量表中，有些值天然比其他值大，有些则比其他值小。在分类量表中，只有定类量表是无序的，分类的各个级别本身没有固定的顺序，比如性别、国家、头发颜色等，不能做诸如"大于""小于"的比较（见图 1.10）。

基于这一点，我们可以找到许多违反可表达性准则的数据可视化例子。这里，我们先说其中三种。

1.4.1 使用无法表达顺序的方式展现有序数据

让我们回到上一节中三个国家人口数量和 GDP 的例子。在表格的几个变量中，"收入组别"是一种定序量表变量，因

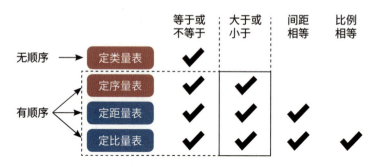

图 1.10　定序、定距、定比量表有顺序，定类量表是无序的

为收入水平本身是有一定顺序的。按照收入高低，从高到低的顺序依次是高、中高、中低、低。图1.11中给出了三种对"收入组别"这个变量进行编码的方法。图1.11（a）中图表使用颜色（绿色）饱和度的高低来表示三个国家收入的高低，饱和度越高，表示收入越高。图1.11（b）中的图表使用不同的颜色来表示各个国家收入水平的高低。

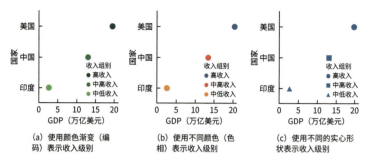

图 1.11　"收入组别"的三种编码方法，其中图表（b）和（c）违背了可表达性准则

如图 1.11（a）所示，当我们使用颜色饱和度表示收入水平的高低（颜色饱和度越高，收入越高）时，我们一眼就能从图表中看出哪个国家属于哪种收入级别。在图 1.11（a）中，使用绿色饱和度的高低能够很好地表达出数据中包含的信息。

而在图 1.11（b）中，使用不同颜色（色相）来表示不同的收入级别，如用蓝色表示高收入，红色表示中高收入，橙色表示中低收入。但这种编码方式无法表达出数据本身包含的顺序信息。也就是说，使用颜色无法表达出哪个国家属于哪种收入水平，收入水平有高低之别，但是颜色无高下之分。像这样，使用不同颜色对定序量表变量编码就违背了"可表达性"准则，因为颜色无法表达出数据中的所有信息，即"收入组别"的顺序。

类似地，使用不同形状表示各个收入级别也不合理，见图 1.11（c）所示，虽然从图表中我们能看出形状有别（一个圆形、正方形、三角形），但是这些形状表达不出数据中包含的顺序信息。

当然，前面我们也说过，凡事必有例外。例如，展示奥运会获得的奖牌类型时，使用不同颜色（色相）是完全没有问题的，因为在我们的心目中奖牌本身的颜色就代表了一定的顺序：金牌＞银牌＞铜牌（见图 1.12）。

这是一个特例，因为奖牌名称中就暗含着颜色，爱看奥

图 1.12　奖牌是个例外，可使用不同颜色（色相）表示奖牌顺序

运会的人也知道这些奖牌颜色本身就有一定的顺序。这就是所谓的"自然映射"或"自然编码"，这种编码以某种方式反映可视化对象或现象的真实特征。

1.4.2　编码顺序和数据顺序不一致

有时，编码能够表达一定顺序，但是这个顺序对于数据来说是错的。见图 1.13 所示，在用颜色饱和度表示"收入组

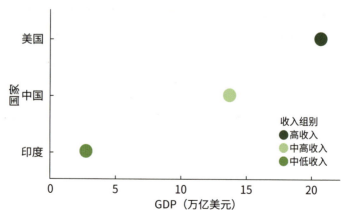

图 1.13　颜色深浅和收入水平高低的顺序不一致

别"变量时，使用浅绿色表示中高收入水平，而表示中低收入
水平的绿色相对更深一些。

这种表示方法也违背了"可表达性"准则，因为它表达
了数据中不包含的信息。使用图形面积（2D）表示"收入组
别"时，也有可能出现类似情况，见图 1.14 所示。当然，用
图形面积表示"收入组别"也不是不可以，但是需要把图形
面积和收入高低以正确的顺序对应起来。在图 1.14（a）中，
圆形面积大小和收入高低以正确顺序对应；而在图 1.14（b）
中，圆形面积大小和收入高低对应错误，违背了"可表达
性"准则。

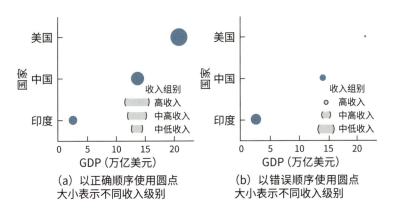

图 1.14　使用圆形面积表示收入高低

1.4.3 编码有序而数据无序

另外一种违背"可表达性"准则的编码方式是，用貌似

有序的编码方式展现无序数据，让人误以为数据本身存在一定的顺序。例如，"国家"是一个定类量表变量，不同国家间不存在固有顺序。虽然我们可以按照字母顺序、人口多少等方式给国家排序，但是"国家"这个变量本身是没有特定顺序的，这跟金牌、银牌、铜牌不一样。

因此，如果有一种编码方式暗示了国家之间存在一定顺序，那么这种编码方式必定违背了"可表达性"准则，大多数时候我们需要尽量避免这种情况。在图 1.15 中有一个定量变量 GDP，决定着各个图形标记的垂直位置（y 轴位置）；还有一个定量变量人口数量，决定着各个图形标记的水平位置（x 轴位置）。这是一个笛卡尔坐标系，允许我们比较两个轴上的两个量，我们将在以后的章节中详细讨论。图 1.14 中，每个国家各占一行，我们可以很容易地认出哪种图形标记表示哪个国家。而在图 1.15 中展现的新编码中，我们需要用一种方式指出哪个图形标记对应哪个国家。

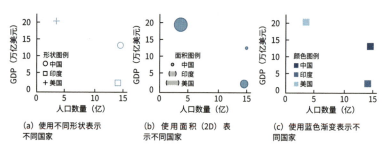

(a) 使用不同形状表示不同国家　　(b) 使用面积（2D）表示不同国家　　(c) 使用蓝色渐变表示不同国家

图 1.15　使用三种通道表示定类量表变量（国家）

图 1.15 中展示了三种方式——形状、面积、颜色饱和度，用于指明哪个图形标记属于哪个国家。

在图 1.15 中，只有图 1.15（a）遵循"可表达性"准则，因为用来代表三个国家的不同形状不表达任何顺序。在图 1.15（b）中，使用较大的圆形代表美国，使用较小的圆形代表中国和印度，似乎暗示着美国在某个方面要高于中国和印度。类似地，在图 1.15（c）中，代表中国的正方形的颜色饱和度最高，似乎表明在某些方面中国比其他两个国家更优秀，或者包含的更多。这样一来，图 1.15（b）和图 1.15（c）中表达的信息过多了，超出了数据本身所表达的信息，即它们过多地表达了一种在数据中并不存在的顺序关系。

当然，"可表达性"不仅仅涉及顺序问题，后面我们会介绍更多情况。一般来说，我们可以把"可表达性"准则看成是道路上的车道线。有了车道线，司机（图表制作者）驾驶汽车时就能保证汽车不会偏离道路中心线太远。但车道线只能保证汽车在划定的车道内行驶，并不表示司机的驾驶技术好，有些司机车开得仍然很糟。除了"可表达性"外，编码还有一个准则是"有效性"，它能指导我们安全地抵达终点，得到准确的知识。

● 1.5 数据编码的有效性

一旦某个可视化图表遵循了"可表达性"准则，恰如其分地（不多也不少）表达出了数据中包含的信息后，我们还要评判这个图表是否能够有效地帮我们达成目标。

但是，我们应该如何评判一个数据可视化的有效性？评判标准有很多，比如：

● 目标受众是否注意到了？

● 看到后，目标受众是否给出了很高的评价，或者反馈体验不错？

● 一段时间后他们还记得吗？

● 预期影响达到了吗？

● 他们是否能够回答问题或执行任务？

● 他们能否快速准确地解读可视化图表？

我们可以说，这些标准中的每一个都是评估图表有效性的好方法。归根结底，只要一个图表实现了它的预期目标，那么它就是有效的，前提是预期目标是合乎道德的。不同的情况需要使用不同的标准。记者在新闻网站上发布的图表需要首先抓住读者的眼球，这与用来向企业领导展现迫在眉睫的竞争威胁的图表相比，其有效性标准可能略有不同。总的来说，我们要承认现实世界中存在着这样的混乱，也要承认"萝卜白菜，各有所爱"。

话虽这么说，根据一个或多个标准狭义地定义"有效性"，然后研究这些标准以求更好地理解它们还是有价值的。例如，我们考察一下展现各个国家人口数量的如下两个图表。

如图 1.16 所示，展现 2018 年各国人口数量时，使用长度编码通道与使用面积编码通道，哪种方式更有效？

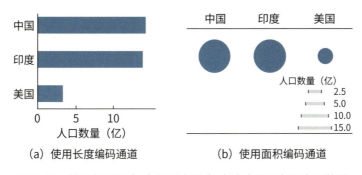

图 1.16　使用条形图（a）和圆点图（b）大小展现各国人口数量

很显然，在展现各国人口数量方面，条形图比圆点图更有效，因为在条形图中我们一眼就能看出中国的人口数量比印度多，而在圆点图表中，两个圆形面积孰大孰小用眼睛不太容易看出来。只用眼睛观察，在代表中国和印度的两个圆中，你能说出哪个圆更大一些吗？在图 1.16（a）中，代表三个国家的矩形条都是靠左对齐，因此很容易判断出哪个矩形条更长。由于三个矩形条都靠左对齐，所以只要看一眼矩形条右边缘所处的位置，就能轻松地比较出各个矩形条的长短。

当然，条形图比圆点图更有效还有另一个原因。当猜测印度人口比美国人口多多少时，相比于使用圆形，使用条形图时，我们的猜测会更准一些。你自己试试吧！你觉得，代表印度人口数量的矩形条中能够容得下几个代表美国人口数量的矩形条？相比之下，猜测代表印度人口数量的圆形中能够容纳几个代表美国人口数量的圆形是更容易，还是更困难？

2018 年印度人口数量（13.53 亿）大约是美国人口数量（3.27 亿）的 4 倍多一点。更准确地说，我们可以把 4.14 个代表美国人口数量的小矩形放入代表印度人口数量的 1 个矩形条中，或者把 4.14 个代表美国人口数量的小圆形放入代表印度人口数量的 1 个大圆形中。

与比较两个圆的大小相比，比较两个矩形条的长短要更容易、更准确一些，对我们大多数人来说都是如此。这个事实是由斯坦利·史密斯·史蒂文斯通过实验发现的。史蒂文斯还提出了"心理物理幂法则"（Psychophysical Power Law），见图 1.17。该法则表明，随着各种物理刺激强度的增加，我们受不同刺激增加程度的感知是不同的。

实验中，史蒂文斯发现，我们感知到的电击刺激强度往往要比实际增加的电击强度高，图 1.17 中的蓝绿色曲线清晰地反映出了这一点。同时，我们所感知到的颜色饱和度刺激强度要比其实际增加的强度高，图 1.17 中的橙色曲线清晰地反映出了这一点。在长度方面，我们感知到的长度增加量与实际长度增加量差不多。而对于图形面积而言，我们感知的面积增加量要略小于面积的实际增加量。图 1.17 中的绿色直线（长度）和蓝色曲线（面积）清晰地体现了这一点。从图 1.17 可以看出，估计数量时，相比于图形面积，通过图形长度估计会更准确。这不是聪明不聪明的问题，而是我们的大脑本身就是这样工作的。

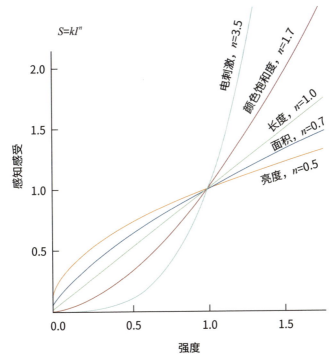

图 1.17　史蒂文斯提出的"心理物理幂法则"

许多关于数据编码（数据可视化）有效性的研究大都把

研究重点放在如何提升图表读者准确解读图表的能力上。更具体地说，研究人员致力于深入地了解我们执行知觉任务的能力，以及图表的编码形式对大脑准确判断定量信息的影响。请注意，这不是评判数据编码（数据可视化）有效性的唯一方法。不过，在绝大多数情况下，这肯定是一个重要的考虑因素。简而言之，我们要回答的问题是：作为图表的解读者，解读图表中数据编码的准确度有多少？

研究员威廉·克利夫兰（William Cleveland）和罗伯特·麦吉尔（Robert McGill）在 1984 年发表了一篇关于该主题的开创性论文，标题为《图形感知：图形方法研发的理论、实验和应用》（*Graphical Perception: Theory, Experimentation and Application to the Development of Graphical Methods*）。这篇论文中给出了他们的实验结果，实验中，参与者会根据图表中不同的编码形式来判断数据的比例。研究人员向参与者展示不同类型的图表，然后让他们根据图表做特定的脑力工作。

实验中，克利夫兰和麦吉尔会给参与者展示一些图表，见图 1.18，图中有一个饼图和一个条形图，虽然两种图表使用的编码方式（图形标记）不同，但它们表达的数量关系是一样的。他们要求参与者说出哪个饼块或哪个矩形条最大。同时，还要求参与者说出其他每个饼块或矩形条约占最大饼块或矩形条的百分之多少。

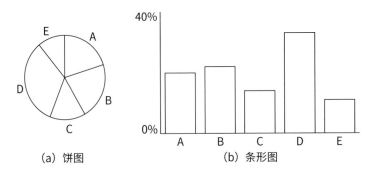

图 1.18　克利夫兰和麦吉尔实验中给出的一些图表

　　你自己试着回答一下。在图 1.18 中，我们可以很容易地看出：饼图中，饼块 D 是最大的；条形图中，矩形条 D 是最长的。接下来，让我们把目光放到饼块 E 和矩形条 E 上。请问：饼块 E 占饼块 D 或矩形条 E 占矩形条 D 的百分之几，占 50%、25%，还是介于 25% 与 50% 之间？你觉得是看着饼图猜得准，还是看着条形图猜得准？

　　正确的答案是，不管哪种情况下，E 都占 D 的 33%，更准确的说法是占 D 的 1/3。通过实验，克利夫兰和麦吉尔发现，参与者看着条形图做出的判断的准确性更高；而看着饼图做出的判断的准确性更低，即猜测的结果与真实情况相差更大。在判断其他饼块或矩形条的占比时也会得到相同的结论。

　　你可以自己试着猜一下其他饼块或矩形条的占比，然后对照着表 1.2，看一下自己猜测的准确度如何。

　　克利夫兰和麦吉尔进一步做了大量实验，并于 1985 年发

表 1.2　各个饼块或矩形条相对于整体（100%）或局部（D）的占比
情况

局部	占整体的百分比	占 D 块的百分比
A	20%	60.6%
B	22%	66.7%
C	14%	42.4%
D	33%	100.0%
E	11%	33.3%
总计	100%	

表了第二篇论文，标题为《科学数据分析中的图形感知和图形方法》（*Graphical Perception and Graphical Methods for Analyzing Scientific Data*）。那么，克利夫兰和麦吉尔从他们的各种实验中得出了什么结论呢？按照表达的准确性，从高到低依次排列如下：

（1）公共尺度上的不同位置。

（2）在相同但未对齐的尺度上的不同位置。

（3）长度。

（4）角度 / 斜度。

（5）面积。

（6）色相。

（7）体积、密度、颜色饱和度。

克利夫兰和麦吉尔在他们的第二篇研究论文的引言中总结了他们对图表有效性的看法，如下：

制作图表时，主要通过位置、形状、大小、符号和颜色对定量和分类信息进行编码。当一个人看一张图表时，人类的视觉系统就会对图表信息进行解码。只有当解码正常有效时，图形方法才算是成功的。无论编码有多巧妙，运用的技术多么令人印象深刻，只要解码失败，它就是糟糕的。

在 2010 年，研究人员杰弗里·希尔（Jeffrey Heer）和迈克·博斯托克（Mike Bostock）在题为《众包图形感知：使用土耳其机器人评估可视化设计》（*Crowdsourcing Graphical Perception: Using Mechanical Turk to Assess Visualization Design*）的论文中复刻并拓展了克利夫兰和麦吉尔的工作。对于这些实验和科研成果，塔玛拉·蒙兹纳做了很好的总结，见图 1.19。在图 1.19 中，蒙兹纳把那些有助于提高判断准确度的编码通道放在列表顶部，而把那些使判断准确度不那么高的编码通道放在列表底部，中间有一个"有效性"竖直轴。

这张图还可以帮助我们快速评估一个编码是否违反了"可表达性"准则。你可以把这一页标记一下，或者在这页上加个书签，因为在后面学习中我们会经常回来看这个图。

请注意，蒙兹纳把这个图分成左右两列。左列适用于"有序属性"，即定序、定距、定比量表变量，它们的各个级别之间都有一定顺序。左侧的编码通道都是"量级通道"

（Magnitude Channels），适合用来对数量编码。右侧应用于没有内在顺序的分类变量，也就是史蒂文斯所说的"定类量表"变量。右列都是识别通道，适合用来对无序的类别进行编码。

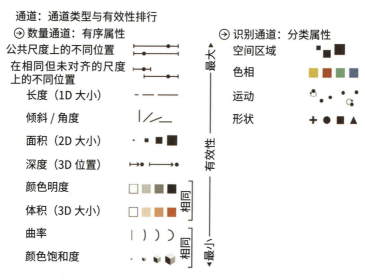

图 1.19　蒙兹纳针对编码通道有效性的总结图

回头看看上一节中那些违背"可表达性"准则的编码例子，你会发现它们都有一个共同点，那就是它们用的编码通道都是错的。

● "收入组别"是一个定序量表变量（有顺序），对其编码时应使用图 1.19 中左列中的编码通道。如果用了右列中的编码通道（比如色相或形状），那么"收入组别"本身的顺序关系将无法得到体现。

● "国家"是一个定类量表变量（无顺序），对其编码时应使用图 1.19 中右列中的编码通道。如果使用了左列中的编码通道（比如面积或颜色饱和度），那么"国家"本身似乎就有了一定的顺序关系，这是不对的。

在图 1.19 中，我们更多关注的是编码有效性的强弱（编码效率），而不是"可表达性"。有效性准则是一条很有用的经验法则。根据这条法则，在某种特定情况下，我们应该尽量使用图 1.19 中列表顶部的编码通道表示那些最重要的变量。为了说明这一点，下面我们举个例子。假设我们最重要的任务是准确比较不同国家的人均 GDP，因此，我们需要制作一个展现人均 GDP 的图表，从图 1.19 中选择编码通道时应该尽可能选择靠上的。

图 1.20（a）中图表的编码有效性就差一些，因为它使用颜色饱和度编码表示各个国家的人均 GDP。相比之下，图 1.20（b）中图表的编码效率更高，因为它使用了水平轴上的位置来表示各个国家的人均 GDP。为什么这两个图表的编码效率（有效性强弱）不一样，我们可以从图 1.19 中找到答案。在图 1.19 中，我们可以看到"公共尺度上的不同位置"位于"颜色饱和度"上方，其编码有效性更强。图 1.20（a）使用颜色饱和度表示不同国家的人均 GDP，从中我们可以快速找出哪个国家的人均 GDP 最高——美国。但是，如果你希望较为准确地了解三个国家的人均 GDP 具体相差多少，那使用颜色饱和度就

不合适了。

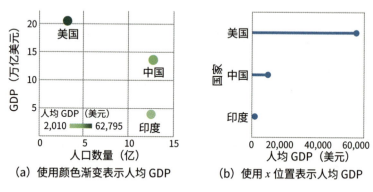

（a）使用颜色渐变表示人均 GDP   （b）使用 x 位置表示人均 GDP

图 1.20　比较三个国家人均 GDP

　　这就引出了判断一个图表或编码有效性的最后一点，也就是你看重（关注）的是什么。比如，你关注的不是人均GDP，而是三个国家的人口规模和总体经济（非人均），此时图 1.20（b）就不行了，使用它会让你感到沮丧。相比之下，图 1.20（a）会更合适一些。

　　不同情况下要选用不同的图形标记和编码通道。

1.6 凸显效应

　　分析人脑与数据可视化编码的交互方式时，关于人类感知还有一个重要特点需要考虑。视觉元素的某些方面往往能吸引我们的注意力。如果图表的设计符合我们的需求，我们的注意力就会被吸引到图表中那些需要着力关注的重要方面。此外，如果图表的设计不符合我们的需要，我们的注意力就不会关注到那些重要方面。

研究员克里斯托弗·G. 希利（Christopher G.Healey）和詹姆斯·T. 恩斯（James T.Enns）在他们的开创性论文《可视化和计算机图形学中的注意力和视觉记忆》（*Attention and Visual Memory in Visualization and Computer Graphics*）中提到了"凸显"和"前注意加工"的概念。当视野中出现具有某种独特视觉特性的目标时，观察者（这里指观看图表的人）就会很自然地注意到它们，这就是所谓的"凸显效应"。

请你在图 1.21 的三个方框中，分别找出其中包含的红色小圆点，比较一下所花费的时间和难易程度。

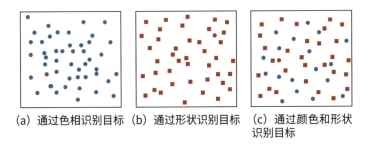

(a) 通过色相识别目标　(b) 通过形状识别目标　(c) 通过颜色和形状
　　　　　　　　　　　　　　　　　　　　　　　识别目标

图 1.21　从各个方框中找出红色小圆点

你发现没有，从三个方框中查找红色小圆点时，难度从左到右依次增加，即（a）<（b）<（c）。在图 1.21（a）中，红色小圆点一下子就从一堆蓝色小圆点中跳了出来。即使把蓝色

小圆点的数量增加一倍，我们照样能立马从中找出红色小圆点。只需一眼，那些红色小圆点一下就映入眼帘，大脑甚至都没反应过来。我们的眼睛毫不费力且几乎不受控制地会注意到红色小圆点。这就是所谓的"凸显效应"。关于它，希利和恩斯说道：

通常，在混杂着大量干扰元素的情况下，如果完成某个识别任务的时间低于200~250毫秒（msec），那我们就说这个任务是凸显的。

在图1.21（b）中，红色小圆点查找起来没有图1.21（a）那么容易，它自己不会直接跳出来，但是我们仍能从一堆红色小正方形中相对较快地找到它，因此它的凸显性也是不错的。在图1.21（b）中，虽然干扰图形也是红色的（红色小正方形），但由于干扰图形是直角边，与圆圈区别明显，所以我们也能很轻松地从中找出目标——红色小圆点。

而在图1.21（c）中，查找红色小圆点是最慢的，因为里面的干扰图形更多，同时存在颜色和形状的不同，我们得仔细耐心地查找，才能找到红色小圆点。在图1.21（c）中，目标（红色小圆点）与干扰图形的不同特征有两个：颜色和形状。目标是红色的，但同时存在其他红色图形：红色正方形（干扰图形）。目标是圆形，但同时存在其他颜色的圆形：蓝色圆形（干扰图形）。虽然这些没有给查找红色小圆点带来多么大的困难，但却使红色小圆点的"凸显性"荡然无存。

希利和恩斯在论文中还提到了其他一些提高对象凸显性的"前注意"属性，图 1.19 中的许多编码通道就位列其中，比如对象的角度、形状、大小、亮度。

这些都基于我们知道什么会让一个图表有用或有效，但这是如何建立的呢？根据我们需要回答的问题或完成的任务，数据可视化有可能会让我们注意到那些需要关注的元素，也有可能会让同样的元素难以被察觉或发现。

比如，在这样一个场景中，图表中展现的国家不只有三个，而是有两百多个。假如我们还是只对美国、中国、印度三个国家感兴趣，同时我们还希望了解这三个国家相比其他国家是个什么情况。我们使用气泡图表现 2016 年各个国家城市人口的占比和人口寿命，图 1.22 给出了三个版本，其中只有气泡图（c）具有很强的凸显性，能够把我们的注意力吸引到感兴趣的目标上。在另外两个气泡图中，如果没有某种指引，我们很难找到感兴趣的三个国家。

如果当前观众只对这三个国家感兴趣，那一切都很美好。但如果有人对巴西、墨西哥、俄罗斯感兴趣，情况又如何呢？同样是图 1.22（c）中的气泡图，那些只对美国、印度、中国三个国家感兴趣的观众会觉得图表设计得非常好，但在那些关心巴西、墨西哥、俄罗斯三个国家的观众看来，那个图表根本没什么用。

设计一个有效的图表，并且能够把观众的注意力吸引到

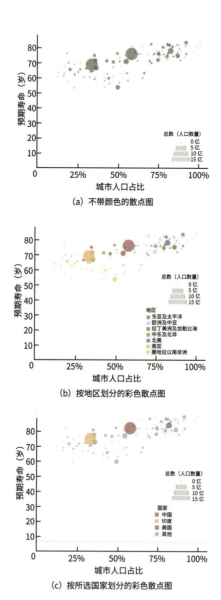

(a) 不带颜色的散点图

(b) 按地区划分的彩色散点图

(c) 按所选国家划分的彩色散点图

图 1.22 使用凸显效应识别三个国家

正确的地方，并不是一件容易的事。因为图表表现的数据可能很复杂，观众构成也可能很复杂，有不同的期待。但正因如此，制作图表才是一件很有意义且很有趣的事。我们一直致力于寻求某种恰当的方式把信息发出者、信息、接收者和谐地组织在一起，确保信息能够有效地传递给观众。

在接下来的课程中，我们会介绍一下常用的图表类型，了解一下它们最常用的用法，以及不足之处。学完这些内容后，相信你会成为一个可以熟练解读数据可视化语言的人，这样的人正是我们当前社会（处处是数据）所需要的人才。

第 **2** 章

增强型表格

> "色彩是一种直接影响灵魂的力量。"
>
> ——瓦西里·康丁斯基

◉ 2.1 单个数据点

有时，单个数字（Solitary numbers）对我们来说意义重大。美国公民都知道从签署《独立宣言》到亚伯拉罕·林肯发表葛底斯堡演说之间的确切年数，即 4 个廿（Score，1 廿 =20）零七年，也就是 87 年。他们还能告诉你数字 911 的含义，读成"九幺幺"（nine one one）时，指应急响应系统；而读成"九·十一"（nine-eleven）时，则指的是 2001 年 9 月 11 日发生的美国世贸大厦被撞事件，两者含义完全不同。

一说到 525600 这个数字，全世界的剧迷们立马知道，它是百老汇音乐剧《吉屋出租》（Rent）中"爱的季节"歌词中提到的分钟数，整个音乐剧讲的就是这个时间段内发生的故事。他们还知道 24601 是《悲惨世界》（维克多·雨果著）中主人公冉·阿让在监狱里的代号。有些人还知道，雨果之所以选这个数字是因为他猜测母亲是在 1801 年 6 月 24 日（24 / 6 / 01）这天怀上他的。

科幻迷们可以立马告诉你，纸张燃烧的温度是 451 华氏度,《银河系漫游指南》(道格拉斯·亚当斯著)中"生命、宇宙和一切问题的终极答案"是数字42。当然,生活在20世纪80年代的人也不会忘记珍妮的电话号码是867-5309[①]。

当我们处理、思考和交流数据时也是如此。有时,我们只是在寻找一个数字或值——单个数据点。单个数据点本身缺乏上下文和比较能力,但是它往往能给我们提供做决策或完成工作所需要的信息。

● 今天下午下雨的可能性有多大?

● 我们离月度销售目标还差多少?

● 我最喜欢的候选人获得了百分之几的选票?

● 这趟航班要花多少钱?

当然,没有数据点是绝对孤立的。在收集这些数据点的过程中,大多数时候我们都会考虑它们与其他因素的关系。例如,你想知道下雨的可能性有多大,因为你需要根据它决定是否取消既定的户外活动。当然,具体做决定时,你可能还需要考虑其他因素,比如温度、遭雨淋的代价、取消活动的后果,以及你对这些风险的承受能力。

此外,单个数据点常常还会引发这样一个问题:其他相

---

① 美国的汤米·图托内乐队在1982年发行的一首歌中唱道,拨打电话号码867-5309就可以找到心爱的女孩珍妮。这首歌在美国红极一时,影响广泛。——编者注

关数据点呢？例如，当你知道了当前离月度销售目标差多少时，接着你就会想知道还剩多少时间，还有多少交易在进行中，以及谁可以帮你实现目标。有时即使只是一个数字，也会引发一连串的想法和问题，把我们引向一条跟预期完全不同的道路上。

数据点可以是我们上一章中回顾的四种数据量表中的任意一种：定类量表、定序量表、定距量表、定比量表。下面还是以世界银行提供的人口数据集为例子，其中有一些单独的数据点可能会激发我们的兴趣。

- 定类量表——国家和地区代码：不同代码的个数 = 217
- 定序量表——收入组别：2019 年低收入国家的个数 = 29
- 定距量表——年份：表格中的最小年份 = 1960
- 定距量表——年份：表格中的最大年份 = 2019
- 定比量表——人口数：1978 年加拿大的人口数 = 23,963,203
- 定比量表——人口数：2019 年人口总数 ≈ 76 亿
- 定比量表——人口数：2000 年国家平均人口数 = 28,074,470
- 定比量表——人口数：2000 年国家人口中位数 = 5,069,302

虽然用一个简单的数字或图形展示数据时不会应用到上一章讲解的数据可视化知识，但是这些数据点中的每一个都有可能提供给我们完成某项工作所需要的所有信息。

有时我们可以在表格中轻松地查找到这些数据，比如查找 1978 年加拿大的人口。这是单个数据点，它在电子表格中可能独占一个单元格。而在一个包含大量数据的表格中，我们需要对表格中的数据做过滤、排序，甚至还得使用结构化查询语言（SQL 语言）进行查询才能找到要找的数据。而且，查找过程中，有时还需要执行计算或汇总。运行图 2.1 中的两个查询，可以得到上面提及的两个数据点。

图 2.1　两个简单的 SQL 语言查询（返回汇总结果）

本书的主要目标是培养大家解读各种数据展现图表的能力，而不是教大家如何得到这些数据。在数据素养第 2 章的内容中，我们会教大家如何编写和运行图 2.1 中的查询语句。

◕ 2.2　用表格展现数据

我们收集单个数据点并把它们组织到表格中，用电子表格或数据库存储起来供日后使用，因此我们经常用表格形式展现数据是说得通的。这也不是什么新鲜事。事实上，我们人类用表格展现数据的历史至少有 4500 年了。考古学家在美索不达米亚发现了一块泥板，其制作时间可追溯到公元前 2000 年左右，泥板上面画有水平和垂直的格线，用以区分不同类别的信息。这些最早的表格中记录了一些人类活动的数据，包括文字、山羊和绵羊在不同统治者之间转移的细节、支付给寺庙工人的工资，以及一些数学知识，比如直角三角形的边长等。

时间飞逝，转眼到了现在。随着计算机和电子表格、数据库软件的出现，在工作和生活中，我们每天都会见到各种各样的表格。图 2.2 展示的是一个电子表格示意图，其中包含的是按国别显示的全球人口数据，你可以在世界银行的数据站点上找到它。

电子表格顶部有几行元数据，指出了数据来源和上次更新日期，表格本体从第 4 行开始，其中包含列标题名称。仔细看，你会发现图 2.2 只展示了表格的一部分，即表格的左上角。

从 E 列开始，列出了各个国家各年的人口数，年份从左到右递增。请注意，K 列（1966 年）并不是最后一列。向右拖动滚动条，电子表格的列会一直延续到 BL 列（2019 年）。电子表格的前 26 列（从左到右）顶部标有字母 A 到 Z，第 27 列标有 AA，第 28 列标有 AB，以此类推。表格中的国家按字母顺序从上到下排列，从第 5 行的"阿鲁巴"（Aruba）开始，一直连续到第 268 行（图中未显示），其中记录的是"津巴

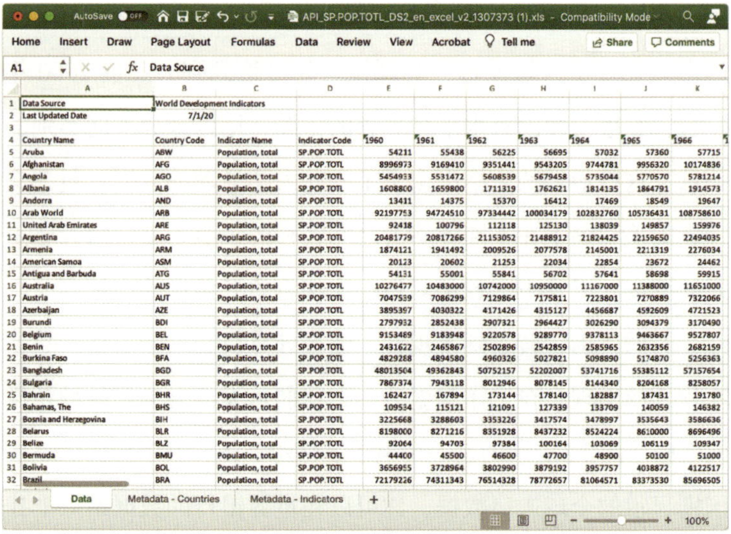

	A	B	C	D	E	F	G	H	I	J	K
1	Data Source	World Development Indicators									
2	Last Updated Date	7/1/20									
3											
4	Country Name	Country Code	Indicator Name	Indicator Code	1960	1961	1962	1963	1964	1965	1966
5	Aruba	ABW	Population, total	SP.POP.TOTL	54211	55438	56225	56695	57032	57360	57715
6	Afghanistan	AFG	Population, total	SP.POP.TOTL	8996973	9169410	9351441	9543205	9744781	9956320	10174836
7	Angola	AGO	Population, total	SP.POP.TOTL	5454933	5531472	5608539	5679458	5735044	5770570	5781214
8	Albania	ALB	Population, total	SP.POP.TOTL	1608800	1659800	1711319	1762621	1814135	1864791	1914573
9	Andorra	AND	Population, total	SP.POP.TOTL	13411	14375	15370	16412	17469	18549	19647
10	Arab World	ARB	Population, total	SP.POP.TOTL	92197753	94724510	97334442	100034179	102832760	105736431	108758610
11	United Arab Emirates	ARE	Population, total	SP.POP.TOTL	92418	100796	112118	125130	138039	149857	159976
12	Argentina	ARG	Population, total	SP.POP.TOTL	20481779	20817266	21153052	21488912	21824425	22159650	22494035
13	Armenia	ARM	Population, total	SP.POP.TOTL	1874121	1941492	2009526	2077578	2145001	2211319	2276034
14	American Samoa	ASM	Population, total	SP.POP.TOTL	20123	20602	21253	22034	22854	23672	24462
15	Antigua and Barbuda	ATG	Population, total	SP.POP.TOTL	54131	55001	55841	56702	57641	58698	59915
16	Australia	AUS	Population, total	SP.POP.TOTL	10276477	10483000	10742000	10950000	11167000	11388000	11651000
17	Austria	AUT	Population, total	SP.POP.TOTL	7047539	7086299	7129864	7175811	7223801	7270889	7322066
18	Azerbaijan	AZE	Population, total	SP.POP.TOTL	3895397	4030322	4171426	4315127	4456687	4592609	4721523
19	Burundi	BDI	Population, total	SP.POP.TOTL	2797932	2852438	2907321	2964427	3026290	3094379	3170490
20	Belgium	BEL	Population, total	SP.POP.TOTL	9153489	9183948	9220578	9289770	9378113	9463667	9527807
21	Benin	BEN	Population, total	SP.POP.TOTL	2431622	2465867	2502896	2542859	2585965	2632356	2682159
22	Burkina Faso	BFA	Population, total	SP.POP.TOTL	4829288	4894580	4960326	5027821	5098890	5174870	5256363
23	Bangladesh	BGD	Population, total	SP.POP.TOTL	48013504	49362843	50752157	52202007	53741716	55385112	57157654
24	Bulgaria	BGR	Population, total	SP.POP.TOTL	7867374	7943118	8012946	8078145	8144340	8204168	8258057
25	Bahrain	BHR	Population, total	SP.POP.TOTL	162427	167894	173144	178140	182887	187431	191780
26	Bahamas, The	BHS	Population, total	SP.POP.TOTL	109534	115121	121091	127339	133709	140059	146382
27	Bosnia and Herzegovina	BIH	Population, total	SP.POP.TOTL	3225668	3288603	3353226	3417574	3478997	3535643	3586636
28	Belarus	BLR	Population, total	SP.POP.TOTL	8198000	8271216	8351928	8437232	8524224	8610000	8696496
29	Belize	BLZ	Population, total	SP.POP.TOTL	92064	94703	97384	100164	103069	106119	109347
30	Bermuda	BMU	Population, total	SP.POP.TOTL	44400	45500	46600	47700	48900	50100	51000
31	Bolivia	BOL	Population, total	SP.POP.TOTL	3656955	3728964	3802990	3879192	3957757	4038872	4122517
32	Brazil	BRA	Population, total	SP.POP.TOTL	72179226	74311343	76514328	78772657	81064571	83373530	85696505

图 2.2　世界银行国家人口数据集示意（Excel 版本）

布韦”的人口数据。

这是一个数据透视表格，或者说是“宽”格式的表格（即宽表），每个年份独占一列，一直往右排到 2019 年。在这种透视表格中，年份从左到右依次排列，便于我们比较，因此我们可以跨多个列查看数据。但在实际工作中，我们常常需要把这样的表格做“逆透视”处理，即把宽表变成长表，这样才能在分析软件和编程语言中有效地使用它们。图 2.3 显示了这两种不同形式的表格，还演示了如何在不同的表格结构中展现完全相同的信息。

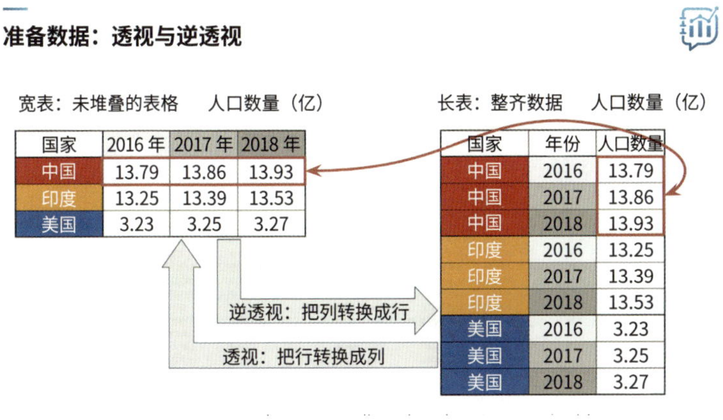

准备数据：透视与逆透视

国家	2016 年	2017 年	2018 年
中国	13.79	13.86	13.93
印度	13.25	13.39	13.53
美国	3.23	3.25	3.27

宽表：未堆叠的表格　人口数量（亿）

国家	年份	人口数量
中国	2016	13.79
中国	2017	13.86
中国	2018	13.93
印度	2016	13.25
印度	2017	13.39
印度	2018	13.53
美国	2016	3.23
美国	2017	3.25
美国	2018	3.27

长表：整齐数据　人口数量（亿）

逆透视：把列转换成行

透视：把行转换成列

图 2.3　在长表和宽表之间转换

图 2.4 是把数据表格做"逆透视"处理后得到的表格示意图，其中所有年份都显示在 E 列中，而之前在宽表中时，每个年份各占一列。当前，新表格中有 13,020 行数据，而原表格只有 264 行数据，因为不同年份各国的人口数是彼此堆叠在一起的，而非并排存放。

不过，我们不会过多地描述各种形式的电子表格，原因是我们其实不太擅长从原始数据表中提取信息和知识。对我们来说，使用数据表提取信息和知识确实不易，尤其是当数据表很大，行数和列数很多时，难度就更大了。

例如，你能从世界人口数据表格（长表或宽表）中轻松找到某个国家某一年份的人口数（如瑞典 2017 年的人口数量是 10,057,698），但是从表格中你能轻松说出人口数据中暗含

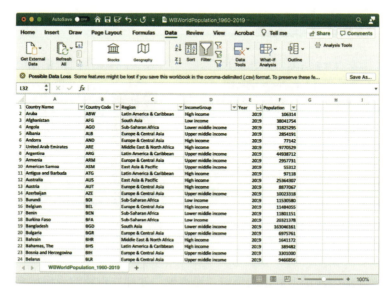

图 2.4　宽表转换成长表示意图（所有年份显示在单个列中）

着什么趋势、模式或异常吗？这不太可能。

　　处理表格数据时，我们通常的做法是，创建较小的汇总表，按类别对数据进行分组或汇总，并对数据进行过滤，只在特定上下文中显示那些我们感兴趣的属性或维度。例如，制作表格时，我们可以使用一个类别变量（如"地区"，它是一个定类量表变量，没有固有顺序）把全球七大地区一个接一个地列出来，形成七行，再算上顶部的标题行，总共八行。然后，我们对每个地区所有国家 2019 年的人口数进行求和，并把得到的结果放在右面一列中，见图 2.5。

地区	人口数量（百万）
东亚及太平洋	2,317.0
欧洲及中亚	921.1
拉丁美洲及加勒比海	646.4
中东及北非	456.7
北美	365.9
南亚	1,835.8
撒哈拉以南非洲	1,103.5

定类变量 →

← 定比变量

图 2.5　按地区统计 2019 的全球七大地区人口数

　　一个表格可以同时显示多个汇总结果，比如每个地区由多个国家组成，在表格中，我们可以专门添加一列指出每个地区包含的国家及地区数量。有趣的是，表格中的数值有可能来自 4 种数据量表中的一种，包括两个分类量表——定类量表和定序量表。例如，我们可以通过原表格中的"国家代码"（定类量表）计算每个地区包含的国家及地区数量，然后作为新的一列添加到新表格中。新表格见表 2.1，从表格中我们可以看到，尽管东亚及太平洋地区人口最多，但该地区包含的国家及地区只有 37 个，数量排名第 4。

　　而且，在表格中我们还可以添加一些新的汇总计算结果，比如排名、平均值、比率、百分比，然后以不同方式对表格进行排序，并增加行或列把总计或小计展现出来，方便我们进行比较。经过以上处理，得到表 2.2 所示的表格，其中七大地区是根据各个地区的总人口数量降序排列的。

表 2.1 在表格中同时显示多个汇总结果：2019 年七大地区包含的国家及地区数量和人口数量

七大地区	国家及地区数量（个）	人口数量（百万）
东亚及太平洋	37	2,317.0
欧洲及中亚	58	921.1
拉丁美洲及加勒比海	42	646.4
中东及北非	21	456.7
北美	3	365.9
南亚	8	1,835.8
撒哈拉以南非洲	48	1,103.5

前面我们只按一个类别（即地区）对原表格中的数据进行了汇总整理。但我们知道世界人口数据集中还有另外一个分类变量——收入组别。我们可以想象一下，一个围绕着"收入组别"组织的表格是什么样子。前面按地区组织的表格有七行，那按"收入组别"组织时，表格就只有四行，每个收入级别各占一行。那么，我们如何围绕地区和收入级别制作一个表格，把各个地区的各个收入级别的人口数量（或者各个收入级别下各个地区的人口数量）展现出来呢？

使用图 2.6（b）的设计制作表格展现人口数据，我们可得到表 2.3 所示的表格。

在表格中，我们应该怎么排列"收入组别"的各个级别

表 2.2　在表格中添加新行和列用以展现占比和总计数据：2019 年七大地区包含的国家及地区数量和人口数量（含总计）（按总人口数排序）

排名	七大地区	国家及地区数量（个）	人口数量（百万）	占总数的百分比
1	东亚及太平洋	37	2,317.0	30.3%
2	南亚	8	1,835.8	24.0%
3	撒哈拉以南非洲	48	1,103.5	14.4%
4	欧洲及中亚	58	921.1	12.0%
5	拉丁美洲及加勒比海	42	646.4	8.5%
6	中东及北非	21	456.7	6.0%
7	北美	3	365.9	4.8%
	总计	217	7,646.4	100.0%

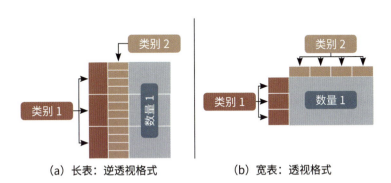

（a）长表：逆透视格式　　（b）宽表：透视格式

图 2.6　使用两个分类变量和一个数量变量设计表格

呢？若按照字母顺序从左到右排列，"低收入"（Low Income）列将处在"高收入"（High Income）和"中高收入"（Upper

表 2.3　按地区（行）和收入组别（列）展现人口数据：展现 2019 年
各地区各收入级别的人口数量（按总人口数排序）

收入组别　　　　　（单位：百万）

地区	低收入	中低收入	中高收入	高收入
东亚及太平洋	25.7	296.8	1,771.2	223.4
南亚	38.0	1,797.2	0.5	—
撒哈拉以南非洲	534.4	500.8	66.9	1.4
欧洲及中亚	9.3	87.1	303.0	521.7
拉丁美洲及加勒比海	11.3	34.3	568.3	32.7
中东及北非	46.2	197.3	146.0	67.3
北美	—	—	—	365.9

middle Income）两列之间。"收入组别"是一个定序量表变量，按照字母顺序排列违反了其本身固有的顺序，类似于按照金牌、银牌、铜牌的顺序排列奖牌。"可表达性"准则要求我们尽量找到并使用与变量本身固有顺序一致的顺序。

　　其实，我们可以把表格的行和列互换一下，把收入组别放在行中，然后根据其固有顺序，把各个收入组别与它们在表格中位置的高低对应起来。当然，这并不是要求你在任何情况下都要这么做，但是像这样，尽量使用"自然映射"（自然对应）或"自然编码"总是会有一些好处的。同样，在使用表格展现政治派别时，我们总是希望它们沿水平方向排列，也就是自由派（左翼）在左边，保守派（右翼）在右边，这么排列也是惯例。

再说回到世界人口数据表格。如果我们把行与列位置互换，再添加一个总计行和总计列，得到表 2.4 所示的表格。

表 2.4　互换行与列并添加总计行和总计列：按收入组别和地区展现 2019 年的人口数量（含总计）

地区

（单位：百万）

收入组别	东亚及太平洋	南亚	撒哈拉以南非洲	欧洲及中亚	拉丁美洲及加勒比海	中东及北非	北美	总计
高收入	223.4	—	1.4	521.7	32.7	67.3	365.9	1,212.4
中高收入	1,771.2	0.5	66.9	303.0	568.3	146.0	—	2,855.9
中低收入	296.8	1,797.2	500.8	87.1	34.3	197.3	—	2,913.5
低收入	25.7	38.0	534.4	9.3	11.3	46.2	—	664.9
总计	2,317.1	1,835.7	1,103.5	921.1	646.6	456.8	365.9	7,646.7

请注意，表格行在垂直方向上是有顺序的，从高到低依次是"高收入""中高收入""中低收入""低收入"。还要注意，表格的列是按照各地区总人口的多少排列的，人口最多的东亚及太平洋地区位于最左边，人口最少的北美地区位于最右边。

如你所见，经过精心设计的表格确实很有用，里面包含了许多有价值的数据和信息。一个巨大的数据表就像一辆没有引擎的汽车。当然，你可以沿着路推着它走，它也能往前移动，但这样肯定会错过一些让我们走得更快、更远的好机会。

接下来的内容中，我们会介绍一些妙用人类视觉系统的各种方法，以及一些有用的经验法则，以增强解读数据表的能力。我们先从一个最简单的方法学起：在表格中添加颜色。

2.3 从表格到热图

从图 1.19 可知，在视觉编码通道有效性强弱排行中，渐变颜色图（颜色的饱和度或浓度）的排名相当低。即便如此，那也比什么都不用要强得多。当观众们要求以表格形式展现数据时，我们可以在表格中添加颜色，让他们真正见识一下视觉编码的力量。

基本的文字表格虽然没有添加颜色，其本身已经应用了编码。表格的行和列其实就是图 1.19 左侧列出的位置编码。表格把某个类别的不同级别对应到相应的行和列中，请参考表 2.4。例如，位于东亚及太平洋地区的国家及地区所对应的数据出现在同名的列中（水平位置），而属于高收入组别的国家及地区的数据会出现在同名的行中（垂直位置）。因此，在这两个表格元素（行与列）交叉处的单元格中包含的是东亚及太平洋地区中那些高收入的国家及地区（前提是存在），这很简单。

但是，当我们查看那个单元格中的数据时，发现只有一个简单的数字。2019 年，在东亚及太平洋地区，高收入国家及地区的人口数是 2.234 亿。在一个非常基本的层面上，我们的眼睛可能会注意到那些位数较多的数字，因为这些数字一般都比较长，但这也是有问题的，表格中的数字可能代表不同的数量级，比如十亿（B）、百万（M）、千（K）等。因此，我们必须注意表格中数字的显示方式，搞清楚它们代表什么数量级。

在动手给表格添加颜色升级世界人口表格之前，我们先看一看热图是怎么帮我们解释数据的。

请看图 2.7 所示的一个数据表，你看到了什么？有什么数字特别醒目吗？做一些简单任务（比如数一下表格中数字 17 有几个）的难易度如何？

我们很难从这些数字中发现一些有价值的东西，甚至连一些基本问题的答案也很难找到，比如数字 17 的个数。在这个简单的任务中，要求你把数字表格中的两位数字分成两组，也就是把数字 17 全都放入一组中（"等于 17"组），把其他数字放入另外一个组（"不等于 17"组）中。这个问题涉及数字的分类问题，并非比较大小，因此我们可以将颜色用作编码手段来帮助我们更快地完成任务，见图 2.8。

在图 2.8 中，我们可以从表格中快速找出 9 个数字 17。尽管这种颜色编码方式很有用，但好像没有什么美感可言。由于表格中的符号（数字）是定量的，所以我们可以使用颜色饱和

46	45	46	46	47	45	47	48	42	35	34	36	43	45	44	44	46	46	46	43
48	47	48	48	48	48	36	22	20	16	15	13	13	17	32	45	46	48	46	44
50	52	51	51	50	31	23	30	25	22	19	13	10	11	09	19	49	48	48	48
51	52	52	53	33	24	34	43	36	30	20	16	11	10	08	08	20	51	50	48
52	55	55	47	24	53	66	67	64	56	44	23	14	10	08	07	07	39	51	52
54	56	56	23	43	70	73	74	72	65	56	39	21	12	07	07	06	07	53	51
55	58	47	14	51	69	72	70	71	67	55	41	28	15	11	07	06	06	47	46
58	58	27	17	53	65	68	68	69	63	54	49	41	26	08	07	06	05	17	35
63	53	18	18	57	63	67	68	66	59	59	54	46	28	10	07	07	06	09	29
62	40	17	19	46	44	50	62	36	40	39	26	25	10	07	07	07	07	02	22
54	36	16	20	33	32	39	64	30	51	27	31	39	36	12	10	06	08	08	24
38	31	14	21	62	51	59	62	42	59	57	57	35	10	07	07	07	08	08	21
25	27	13	18	60	68	63	64	49	67	70	64	47	26	09	08	08	05	09	29
20	17	14	13	58	65	60	62	46	62	46	64	57	45	09	07	08	08	13	13
19	14	13	10	41	57	55	34	24	64	57	45	30	18	09	08	08	08	13	13
20	13	13	11	30	48	56	43	39	39	49	43	31	17	09	08	07	08	13	13
23	17	15	11	16	51	64	50	39	48	51	40	26	15	11	09	07	07	13	12
27	18	12	11	11	21	56	62	52	43	40	27	20	13	09	08	07	08	09	13
30	19	13	13	11	22	57	47	34	23	20	17	10	09	09	08	07	07	09	12
38	22	13	10	09	11	14	19	17	14	16	16	13	09	09	08	09	07	08	10
35	28	12	11	10	11	14	36	26	20	20	23	25	20	10	08	08	09	09	09
33	30	13	12	12	11	11	13	48	42	34	31	32	37	28	13	09	08	11	07

图 2.7　一个 22 行 × 20 列的数字表格（示意图）

度对数字颜色进行编码，其至还可以对单元格的颜色进行编码，完全去除数字。使用血浆（plasma）颜色（它是 Viridis 色板中的配色方案之一）对表格中的数字编码，表格中的数字就会呈现出一个低分辨率的蒙娜丽莎形象（达·芬奇名作），见图 2.9 所示，并在右下角给出真实的蒙娜丽莎画像，以供大家对照。

以这种方式添加颜色可以让我们的视觉系统发现数据中

```
46  45  46  46  47  45  47  48  42  35  34  36  43  45  44  44  46  46  46  43
48  47  48  48  48  48  36  22  20  16  15  13  13  17  32  45  46  48  46  44
50  52  51  51  50  31  23  30  25  22  19  13  13  11  09  19  49  48  48  48
51  52  52  53  33  24  34  43  36  30  20  16  11  10  08  08  20  51  50  48
52  55  55  47  24  53  66  67  64  56  44  23  14  10  08  07  07  39  51  52
54  56  56  23  43  70  73  74  72  65  56  36  20  12  07  07  06  07  53  51
55  58  47  14  51  69  72  70  71  67  55  41  28  15  11  07  06  06  47  46
58  58  27  17  53  65  68  68  69  63  54  49  41  26  08  07  06  05  17  35
63  53  18  18  57  63  67  68  66  59  59  54  46  28  10  07  07  06  09  29
62  40  17  19  46  44  50  62  36  35  40  30  26  25  10  08  07  07  07  22
54  36  16  20  33  32  39  64  30  51  27  31  39  36  12  10  06  08  08  24
38  31  14  21  62  51  59  62  42  59  57  57  57  35  10  09  07  07  08  21
25  27  13  18  60  68  63  64  49  67  70  64  47  26  09  08  08  07  09  29
20  17  14  13  58  65  60  62  46  62  64  56  37  15  10  09  09  07  08  18
19  14  13  10  41  57  55  34  24  64  57  45  30  18  09  08  07  07  08  13
20  13  13  11  30  48  56  43  39  39  49  43  31  17  09  09  08  07  08  13
23  17  15  11  16  51  64  50  39  48  51  40  26  15  10  10  09  07  10  12
27  18  12  11  11  21  56  62  52  43  40  27  20  13  09  09  07  09  13
30  19  14  13  13  11  22  57  47  34  23  20  17  11  10  09  08  09  12
38  22  13  10  09  09  11  14  19  19  17  14  16  16  13  09  09  09  08  10
35  28  12  12  11  10  11  14  36  26  20  20  23  25  20  10  08  08  09  09
33  30  13  12  12  11  11  13  48  42  34  31  32  37  28  13  09  08  11  07
```

图 2.8　使用颜色编码两个分组（示意图）

隐含的模式，而这些模式根本无法通过查看原始数据本身发现。向表格添加颜色虽然不一定会呈现出什么艺术品，但这样做不仅能帮我们发现数据中隐含的模式，还能帮我们发现数据中包含的趋势和异常值。

回到世界人口数据表之前，我们再举一个例子：统计各种语言中 26 个字母出现的频率，这在密码分析领域是一个非常重要的研究课题。研究英语中使用的 26 个字母（拉丁字母

图 2.9　使用颜色渐变对数字大小进行编码

版）在 15 种语言（书面文字）中出现的频率（不考虑这些字母的带点版本和重音版本），我们得到表 2.5 所示的一个简单的统计表格。

同样，我们很难在短时间内从这张表中获得多少有用的东西。看一看表格，用眼睛在表格的各个部分扫一扫。或许你能发现表格中的最大数字是18.91%，它是字母 e 在荷兰语（书

双色统计表

表 2.5　26 个字母在 15 种语言中出现的频率

字母	捷克语	丹麦语	荷兰语	英语	世界语	芬兰语	法语	德语	冰岛语	意大利语	波兰语	葡萄牙语	西班牙语	瑞典语	土耳其语
a	8.42%	6.03%	7.49%	8.17%	12.12%	12.22%	7.64%	6.52%	10.11%	11.75%	8.91%	14.63%	11.53%	9.38%	11.92%
b	0.82%	2.00%	1.58%	1.49%	0.98%	0.28%	0.90%	1.89%	1.04%	0.93%	1.47%	1.04%	2.22%	1.54%	2.84%
c	0.74%	0.57%	1.24%	2.78%	0.78%	0.28%	3.26%	2.73%	0.00%	4.50%	3.96%	3.88%	4.02%	1.49%	0.96%
d	3.48%	5.86%	5.93%	4.25%	3.04%	1.04%	3.67%	5.08%	1.58%	3.74%	3.25%	4.99%	5.01%	4.70%	4.71%
e	7.56%	15.45%	18.91%	12.70%	9.00%	7.97%	14.72%	16.40%	6.42%	11.79%	7.66%	12.57%	12.18%	10.15%	8.91%
f	0.08%	2.41%	0.81%	2.23%	1.04%	0.19%	1.07%	1.66%	3.01%	1.15%	0.30%	1.02%	0.69%	2.03%	0.46%
g	0.09%	4.08%	3.40%	2.02%	1.17%	0.39%	0.87%	3.01%	4.24%	1.64%	1.42%	1.30%	1.77%	2.86%	1.25%
h	1.36%	1.62%	2.38%	6.09%	0.38%	1.85%	0.74%	4.58%	1.87%	0.64%	1.08%	0.78%	0.70%	2.09%	1.21%
i	6.07%	6.00%	6.50%	6.97%	10.01%	10.82%	7.53%	6.55%	7.58%	10.14%	8.21%	6.19%	6.25%	5.82%	8.60%
j	1.43%	0.73%	1.46%	0.15%	3.50%	2.04%	0.61%	0.27%	1.14%	0.01%	2.28%	0.40%	0.49%	0.61%	0.03%
k	2.89%	3.40%	2.25%	0.77%	4.16%	4.97%	0.07%	1.42%	3.31%	0.01%	3.51%	0.02%	0.01%	3.14%	4.68%
l	3.80%	5.23%	3.57%	4.03%	6.10%	5.76%	5.46%	3.44%	4.53%	6.51%	2.10%	2.78%	4.97%	5.28%	5.92%
m	2.45%	3.24%	2.21%	2.41%	2.99%	3.20%	2.97%	2.53%	4.04%	2.51%	2.80%	4.74%	3.16%	3.47%	3.75%
n	6.47%	7.24%	10.03%	6.75%	7.96%	8.83%	7.10%	9.78%	7.71%	6.88%	5.52%	4.45%	6.71%	8.54%	7.49%
o	6.70%	4.64%	6.06%	7.51%	8.78%	5.61%	5.80%	2.59%	2.17%	9.83%	7.75%	9.74%	8.68%	4.48%	2.48%
p	1.91%	1.76%	1.57%	1.93%	2.76%	1.84%	2.52%	0.67%	0.79%	3.06%	3.13%	2.52%	2.51%	1.84%	0.89%
q	0.00%	0.01%	0.01%	0.10%	0.00%	0.01%	1.36%	0.02%	0.00%	0.51%	0.14%	1.20%	0.88%	0.02%	0.00%
r	4.80%	8.96%	6.41%	5.99%	5.91%	2.87%	6.69%	7.00%	8.58%	6.37%	4.69%	6.53%	6.87%	8.43%	6.72%
s	5.21%	5.81%	3.73%	6.33%	6.09%	7.86%	7.95%	7.27%	5.63%	4.98%	4.32%	6.81%	7.98%	6.59%	3.01%
t	5.73%	6.86%	6.79%	9.06%	5.28%	8.75%	7.24%	6.15%	4.95%	5.62%	3.98%	4.34%	4.63%	7.69%	3.31%
u	2.16%	1.98%	1.99%	2.76%	3.18%	5.01%	6.31%	4.17%	4.56%	3.01%	2.50%	3.64%	2.93%	1.92%	3.24%
v	5.34%	2.33%	2.85%	0.98%	1.90%	2.25%	1.84%	0.85%	2.44%	2.10%	0.04%	1.58%	1.14%	2.42%	0.96%
w	0.02%	0.07%	1.52%	2.36%	0.00%	0.09%	0.05%	1.92%	0.00%	0.03%	4.65%	0.04%	0.02%	0.14%	0.00%
x	0.03%	0.03%	0.04%	0.15%	0.00%	0.03%	0.43%	0.03%	0.05%	0.00%	0.02%	0.25%	0.22%	0.16%	0.00%
y	1.04%	0.70%	0.04%	1.97%	0.00%	1.75%	0.13%	0.04%	0.90%	0.02%	3.76%	0.01%	1.01%	0.71%	3.34%
z	1.50%	0.03%	1.39%	0.07%	0.49%	0.05%	0.33%	1.13%	0.00%	1.18%	5.64%	0.47%	0.47%	0.07%	1.50%

面语）中出现的频率统计。

表 2.6，使用渐变颜色编码每个单元格的颜色，一些模式和异常值就会自然而然地显现在我们面前，我们其实并没有费多大劲。在表 2.6 中，我们一眼就能看出，字母 q 所在行的颜色很浅，字母 e 所在行的颜色相对较深。也许我们的眼睛还会注意到字母 w、y、z 在波兰语中的使用频率较高，字母 j、k 在意大利语中的使用频率相对较低。

当然，我们也可以使用某种配色方案对单元格进行着色，比如翠绿色（viridis）。如表 2.7，使用翠绿色着色后，我们就会对表格中的数据有一些新的认识。比如，字母 e 在荷兰语中出现的频率最高，字母 e 在德语中出现的频率也非常高，字母 a 在葡萄牙语中出现的频率也很高。

由此可知，我们能从表格中发现什么模式和认识在很大程度上取决于我们具体选择什么样的方式对表格进行编码。或许你已经注意到了，在表2.7中，我们已经把数字完全去掉了。尽管这么做有助于比较单元格的颜色，但无法知道确切的数值，所以是否要这样处理需要做一下权衡。

做设计决策时，往往没有两全其美的办法，一般都需要做类似的权衡。随着表格的行数和列数越来越多，表格中的单元格越来越稠密，越来越拥挤，在单元格中显示数字变得越来越困难。在这种情况下，尤其是当同时比较与两个分类变量相关的数量时，使用不含文字的热图绝对是一个明智的选择。

表 2.6 根据字母出现的频率使用渐变颜色对单元格颜色进行编码

渐变色值统计表

字母	捷克语	丹麦语	荷兰语	英语	世界语	芬兰语	法语	德语	冰岛语	意大利语	波兰语	葡萄牙语	西班牙语	瑞典语	土耳其语
a	8.42%	6.03%	7.49%	8.167%	12.12%	12.22%	7.64%	6.52%	10.11%	11.75%	8.91%	14.63%	11.53%	9.38%	11.92%
b	0.82%	2.00%	1.58%	1.492%	0.98%	0.28%	0.90%	1.89%	1.04%	0.93%	1.47%	1.04%	2.22%	1.54%	2.84%
c	0.74%	0.57%	1.24%	2.782%	0.78%	0.28%	3.26%	2.73%	0.00%	4.50%	3.96%	3.88%	4.02%	1.49%	0.96%
d	3.48%	5.86%	5.93%	4.253%	3.04%	1.04%	3.67%	5.08%	1.58%	3.74%	3.25%	4.99%	5.01%	4.70%	4.71%
e	7.56%	15.45%	18.91%	12.702%	9.00%	7.97%	14.72%	16.40%	6.42%	11.79%	7.66%	12.57%	12.18%	10.15%	8.91%
f	0.08%	2.41%	0.81%	2.228%	1.04%	0.19%	1.07%	1.66%	3.01%	1.15%	1.02%	1.02%	0.69%	2.03%	0.46%
g	0.09%	4.08%	3.40%	2.015%	1.17%	0.39%	0.87%	3.01%	4.24%	1.64%	1.42%	1.30%	1.77%	2.86%	1.25%
h	1.36%	1.62%	2.38%	6.094%	0.38%	1.85%	0.74%	4.58%	1.87%	0.64%	1.08%	0.78%	0.70%	2.09%	1.21%
i	6.07%	6.00%	6.50%	6.966%	10.01%	10.82%	7.53%	6.55%	7.58%	10.14%	8.21%	6.19%	6.25%	5.82%	8.60%
j	1.43%	0.73%	1.46%	0.153%	3.50%	2.04%	0.61%	0.27%	1.14%	0.01%	2.28%	0.40%	0.49%	0.61%	0.03%
k	2.89%	3.40%	2.25%	0.772%	4.16%	4.97%	0.07%	1.42%	3.31%	0.01%	3.51%	0.02%	0.01%	3.14%	4.68%
l	3.80%	5.23%	3.57%	4.025%	6.10%	5.76%	5.46%	3.44%	4.53%	6.51%	2.10%	2.78%	4.97%	5.28%	5.92%
m	2.45%	3.24%	2.21%	2.406%	2.99%	3.20%	2.97%	2.53%	4.04%	2.51%	2.80%	4.74%	3.16%	3.47%	3.75%
n	6.47%	7.24%	10.03%	6.749%	7.96%	8.83%	7.10%	9.78%	7.71%	6.88%	5.52%	4.45%	6.71%	8.54%	7.49%
o	6.70%	4.64%	6.06%	7.507%	8.78%	5.61%	5.80%	2.59%	2.17%	9.83%	7.75%	9.74%	8.68%	4.48%	2.48%
p	1.91%	1.76%	1.57%	1.929%	2.76%	1.84%	2.52%	0.67%	0.79%	3.06%	3.13%	2.52%	2.51%	1.84%	0.89%
q	0.00%	0.01%	0.01%	0.095%	0.00%	0.01%	1.36%	0.02%	0.00%	0.51%	0.14%	1.20%	0.88%	0.02%	0.00%
r	4.80%	8.96%	6.41%	5.987%	5.91%	2.87%	6.69%	7.00%	8.58%	6.37%	4.69%	6.53%	6.87%	8.43%	6.72%
s	5.21%	5.81%	3.73%	6.327%	6.09%	7.86%	7.95%	7.27%	5.63%	4.98%	4.32%	6.81%	7.98%	6.59%	3.01%
t	5.73%	6.86%	6.79%	9.056%	5.28%	8.75%	7.24%	6.15%	4.95%	5.62%	3.98%	4.34%	4.63%	7.69%	3.31%
u	2.16%	1.98%	1.99%	2.758%	3.18%	5.01%	6.31%	4.17%	4.56%	3.01%	2.50%	3.64%	2.93%	1.92%	3.24%
v	5.34%	2.33%	2.85%	0.978%	1.90%	2.25%	1.84%	0.85%	2.44%	2.10%	0.04%	1.58%	1.14%	2.42%	0.96%
w	0.02%	0.07%	1.52%	2.360%	0.00%	0.09%	0.05%	1.92%	0.00%	0.03%	4.65%	0.04%	0.02%	0.14%	0.00%
x	0.03%	0.04%	0.04%	0.150%	0.00%	0.03%	0.43%	0.03%	0.05%	0.00%	0.02%	0.25%	0.22%	0.16%	0.00%
y	1.04%	0.70%	0.04%	1.974%	0.00%	1.75%	0.13%	0.04%	0.90%	0.02%	3.76%	0.01%	1.01%	0.71%	3.34%
z	1.50%	0.03%	1.39%	0.074%	0.49%	0.05%	0.33%	1.13%	0.00%	1.18%	5.64%	0.47%	0.47%	0.07%	1.50%

表 2.7　使用不同配色方案着色（编码）单元格

现在回到世界人口数据表格。根据 2019 年各个地区各个收入组别中所有国家及地区人口数量的总和，使用渐变颜色对每个单元格进行编码（着色）会得到什么样的表格呢？着色完成后，最终得到表 2.8 所示的表格。其中人口数超过 17 亿的单元格显示为深蓝色，相当醒目。

我们知道，色彩饱和度在有效性排名中相对较低，那么，我们还能做些什么来进一步帮助我们的视觉皮层对这些数字的相对大小做有效的比较呢？

2.4 增强型热图

在图 1.19 的左侧区域中，沿着编码列表自下而上爬升，

表 2.8　把世界人口数据表格变成热图：热图表格——按收入组别和地区展现 2019 年人口数据（含总计）

地区　　　　　　　　　　　　　　　　　　　（单位：百万）

收入组别	东亚及太平洋	南亚	撒哈拉以南非洲	欧洲及中亚	拉丁美洲及加勒比海	中东及北非	北美	总计
高收入	223.4	—	1.4	521.7	32.7	67.3	365.9	1,212.4
中高收入	1,771.2	0.5	66.9	303.0	568.3	146.0	—	2,855.9
中低收入	296.8	1,797.2	500.8	87.1	34.3	197.3	—	2,913.5
低收入	25.7	38.0	534.4	9.3	11.3	46.2	—	664.9
总计	2,317.1	1,835.7	1,103.5	921.1	646.6	456.8	365.9	7,646.7

我们会看到"面积"（2D 大小）通道。在每个单元格中添加一个圆形，并使圆形面积与单元格中的数字大小按比例对应起来，这样我们在比较人口数量时会不会变得更高效？经过这样处理后，我们得到了表 2.9。

　　本章开头提到过，数据最开始是存放在表格中的，处理数据时，我们往往会使用位置、角度、大小、颜色等编码通道把表格转换成其他形式。在表格中，我们能够通过行与列轻松定位某个数量，并且通过结合使用颜色饱和度等简单编码通道，我们能从表格数据中发现某些有价值的模式和趋势。下一章中，我们一起学习有关使用最高效编码通道（位置与长度）的内容。

表 2.9　在单元格中添加圆形（用圆形面积表示数字大小）：热图表格
　　　　（带面积）——按收入组别和地区展现 2019 年人口数量

地区　　　　　　　　　　　　（单位：百万）

收入组别	东亚及太平洋	南亚	撒哈拉以南非洲	欧洲及中亚	拉丁美洲及加勒比海	中东及北非	北美
高收入	◯ 223.4	—	· 1.4	◯ 521.7	◦ 32.7	◦ 67.3	◯ 365.9
中高收入	⬤ 1,771.2	· 0.5	◦ 66.9	◯ 303.0	◯ 568.3	◯ 146.0	—
中低收入	◯ 296.8	⬤ 1,797.2	◯ 500.8	◦ 87.1	◦ 34.3	◯ 197.3	—
低收入	◦ 25.7	◦ 38.0	◯ 534.4	◦ 9.3	· 11.3	◦ 46.2	—

第 **3** 章

比较数量

"观察的准确性等同于思考的准确性。"

——华莱士·史蒂文斯

在认识和评估周围的环境和情况时，我们很自然地会用到一些数字，比如数一数有几个（计数）、量一量有多长（测量）等。"计数"是指用自然数（0、1、2、3……）记录物品的个数，"测量"是指借助某种手段收集相关的物理属性数据（如重量、温度），财务数据（如收入、成本），时间数据（如周期）等。

通过计数或测量获得数据后，接下来我们要做的是分类和比较（各个数据或者各组数据）。

● 确定等级次序：哪一个比较大？哪一个比较小？

比如："两辆汽车中哪一辆的标价更低？"

● 比较多少：多了多少或少了多少？

比如："价格较低的汽车便宜多少？"

虽然这些比较有助于我们了解所处情况，做出更明智的决定，但有时它们对我们无益，甚至有害。比如，有时我们只把比较的重点放在一组特定的因素上，而忽略了其他相关因素，例如只比较汽车标价，而不考虑燃油费、维护保养费等其他因素。结果是，车买得很便宜，但过了一段时间拿笔一算，发现总共花的钱其实是更多了。这还是只考虑了开车的经济开销，没考虑环境成本。通过测量和比较的内容，我们可以更好地了解自己，比如我们的价值观、关注的事情、期望、恐惧等。

这就引出了我们的第一个"图表识读提示"。等到本书结束时，把这些提示组织在一起，你会得到一个完整的清单。

提示 #1: 思考一下，图表中显示了哪些数据，以及哪些相关数据可能没显示出来。

限量比较时遇到的另一个问题是，我们往往会使用它们来回答完全不相关的问题，其实它们是无法回答的。我们邻居的车比我们的新或者贵，所以我们觉得比他们低一头。这么想貌似很可笑，但是类似的情况（错误归因）一直都在发生。问题的根源是，我们错误地把一个衡量标准用成了另一个标准的"代理变量"。在统计学中，"代理变量"本身不是直接相关的变量，而是用来代替不可观测或无法测量的变量。有时，代理变量很有用，比如用国内生产总值代表一个国家的生活水平。但是用一辆车的价值来评判一个人的价值是不行的，这两者没有任何关联。

假设我们做的比较是有效的、合理的、充分的，但当我们使用的图表无益于比较时，可能会遇到更多问题，关于这一点，我们必须有所认识。换言之，对于那些无效的、具有误导性的图形图表，我们必须小心提防。

图 1.19 是一个非常有用的资料，可以用来帮助我们评估

一个图表及其编码的有效性。从图 1.19 中我们可以知道，最
有效的编码通道是"位置"。"位置"通道位于图 1.19 左侧列
表的最上方。研究表明，我们的视觉系统非常善于利用标记的
位置来判断标记的相对大小。

● 3.1 古代计数装置

　　计数装置自古有之，这真的没什么值得大惊小怪的。回
想一下，你小时候在学校第一次学数数的情景。你记得自己用
过算盘吗？借助算珠在算盘中的位置，我们不仅可以计数，还
可以做算术运算，比如加法、减法等。在数字系统发明前，这
个精巧的装置已经在世界各地被人们当作"计算器"用了几个
世纪。中国算盘和日本算盘差不多，可分别追溯到公元 1 世纪
和 14 世纪。

　　图 3.1 是一个算盘的示意图，请试着研究一下，看看你能
不能搞清楚算珠位置是如何表示相应数字的。（提示：在算盘
矩形框内有一道横梁，把珠子分隔成上下两部分，上半部分每
颗算珠代表 5，下半部分每颗算珠代表 1。）

　　算盘并不是古代唯一一个使用位置来帮助人们记录数量
和进行计算的装置。在南美洲，印加人使用一种名叫"奇普"
（quipu）的方法（结绳记事法）来记录纳贡数量、人口数量、
日期，以及其他常见的一些社会事务。"奇普"一词在印加语

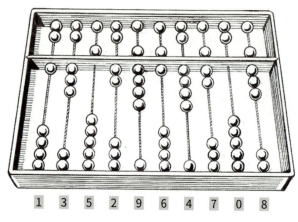

图 3.1　古代算盘示意图 [①]

中是"绳结"的意思，指由棉线或羊驼毛线制成，在绳的不同位置打结，不同位之间是十次方的关系。百位上的 3 个结代表300，十位上的 5 个结代表 50，以此类推。图 3.2 展示的是一段印加"奇普"的草图，选自 19 世纪晚期出版的一本德语图解百科全书。

　　这个原始但精巧的计数和记事系统在 16 世纪被西班牙当局禁止，因为它们被用于祭祀非基督教的神，但直到今天，在各地的博物馆中仍有数百个"奇普"展出。

---

① 　由皮尔森·斯科特·福雷斯曼（Pearson Scott Foresman）制作。

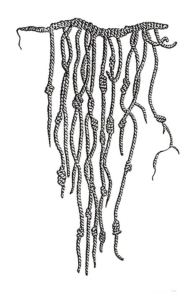

图 3.2 印加"奇普"再现图 [1]

● 3.2 点图

　　今天，许多人认为位置编码通道是表示编码数量信息的最有效方式，这没什么好奇怪的。现代可视化研究揭示了那些古代装置有多么巧妙。接下来，我们使用图 1.19 顶部的编码通道对前两章中的世界人口数据进行可视化。

　　我们先制作一个简单的点图，展示世界三大地区（东亚及太平洋、南亚、北美）包含的国家及地区数。一起看一下制

――――――――――

[1]　图片选自《迈耶百科全书》（第 4 版）。

作好的点图，见图 3.3 所示。每个圆点代表一个国家或地区。
这个点图与前面提到的算盘有相似之处。

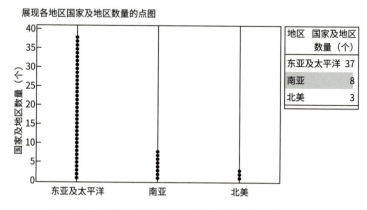

图 3.3　点图：世界各大地区包含的国家及地区数量

三串圆点对应着"地区"变量（定类量表变量）的三个
取值。y 轴代表的是国家及地区个数，每个圆点代表一个国家
或地区，每一串由多个圆点堆叠而成，就像现实世界中的图
书、盘子、美钞叠放在一起一样。"国家及地区名称"也是一
个定类量表变量，通过统计其个数，我们得到了一个新的定量
变量——国家及地区个数。看一眼这个点图，我们立马知道，
相比于南亚和北美地区，东亚及太平洋地区包含的国家及地区
要多得多。

此外，我们还可以准确地判断出，东亚及太平洋地区的
国家及地区个数是南亚地区的四倍多，南亚地区的国家及地区
个数是北美地区的两倍多。对我们来说，通过比较得到这些结

论又快又容易。事实上，这些比较几乎是不可避免的。

另外，我们还可以使用点图展示与比较这三个地区每个区域的总人口数。我们先计算每个地区内所有国家及地区的总人口数，然后在点图中把它们绘制出来。下一步是把各个地区内所有国家及地区在某一年的人口总数加起来，这是一个汇总的过程。在表 3.1 中，不仅列出了各大地区的国家及地区个数，还把这些国家及地区 2019 年的人口数量做了汇总（以亿为单位）。

表 3.1　展现 2019 年各大地区国家及地区数量和人口数量的表格

各大地区	国家及地区数量（个）	人口数量（亿）
东亚及太平洋	37	23.2
南亚	8	18.4
北美	3	3.7

与各大地区包含的国家及地区个数相比，人口数量这一数值非常庞大。因此，在展示各个地区人口数量的点图中，我们不可能用一个圆点去代表一个人。这种情况下，我们可以用一个圆点表示几亿人，或者用一个圆点代表一个区域，并根据每个区域的总人口数去编码（确定）圆点的位置。我们可以沿着中心轴上下移动圆点，这与古代算盘中算珠沿着细柱上下移动相似，不同之处在于，圆点距离底部的远近和每个圆点表示的数量之间有一定的对应关系。图 3.4 是最终绘制好的各地区人

口数量点图，y 轴就像是一把尺子，是我们解读点图的关键。

展现 2019 年各大地区人口数量的点图

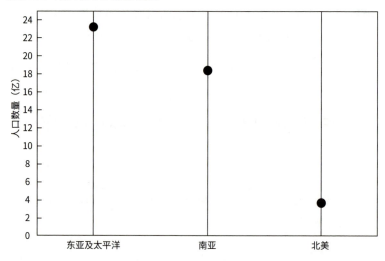

图 3.4　点图：2019 年世界各大地区的人口数量

这个点图包含了许多信息，它让我们对 2019 年不同地区的人口数量及相对规模有了一个清晰的认识。从图 3.3 中可知，东亚及太平洋地区的国家及地区个数是南亚地区的四倍多；从图 3.4 可知，南亚人口数量与东亚及太平洋地区差不多，但北美地区人口数量远远少于南亚和东亚及太平洋地区。

◑ 3.3 条形图

这里，我们可以对点图做一下改动，将其转换成今天最常用的一种图表类型——条形图。这种图表是在 1786 年由统计学图解方法的创始人威廉·普莱费尔（William Playfair）提出的。普莱费尔是一个有趣的人。普莱费尔 1759 年出生于苏格兰，一生中尝试过多种职业，但都失败了。他在 1789 年参与了攻占巴士底狱的革命，制订了一个使法国货币贬值的计划（印制和分发伪钞），在世纪之交甚至还因为负债而蹲过监狱。

尽管经历了这么多不幸事件（也许正是因为这些不幸事件），普莱费尔还是给我们留下了当今最常用的一种图表类型，从而永远地改变了世界。他似乎受到了约瑟夫·普利斯特里（Joseph Priestley）于 1765 年发表的"历史人物年表"的启发，这仅比普莱费尔出版《商业与政治图解集》一书早 20 多年。如图 3.5 所示，在"历史人物年表"中，普利斯特里使用水平线段表示某个著名历史人物生活的时间段。从图表中，我们可以很容易地知道，谁比谁出生早，哪些人是同时代的人，以及他们各自的寿命是多少。

普莱费尔在 1786 年出版的《商业与政治图解集》一书中公布了其著名的条形图，图中他使用矩形条的长短展示了苏格兰 1781 年对 17 个国家的进出口情况，如图 3.6 所示。

从图下方的说明中我们可以知道，黑色条代表的是苏格兰对其他国家（显示在右侧）的出口额，棱纹条表示的是进口额，矩形条的长度代表的是进出口商品总价值的大小（英镑）。图的行由两个不同的分类变量决定：17 个国家名称与两种贸

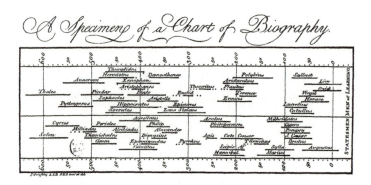

图 3.5　约瑟夫·普利斯特里在 1765 年绘制的"历史人物年表"[①]

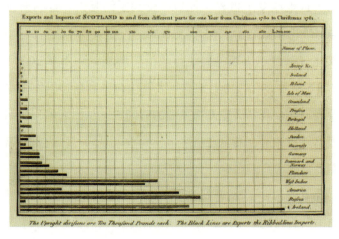

图 3.6　威廉·普莱费尔出版的《商业与政治图解集》书中的一个条形图[②]

---

① 约瑟夫·普利斯特里（1733—1804），《威廉·普莱费尔传》。

② 威廉·普莱费尔，《商业与政治图解集》，1786 年（第三版，1801）。

易类型（进口和出口）相结合，一共产生 34 个位置和 34 个条形图。

照葫芦画瓢，我们可以把前面那个展现世界各地区人口数的点图改成竖状条形图，竖状条形图有时又叫柱形图。为此，我们使用竖状矩形代替点，所有竖状矩形基于同一条底线对齐（底线处的人口数量为 0），且向上生长，各个矩形条的顶端就是原来其对应的圆点的中心，见图 3.7（b）所示。请注意，这里我们还绘制了第三种图，称为"棒棒糖图"，它是点图和条形图的混合结果，见图 3.7（c）所示。在图 3.7（c）中，我们保留了原来的圆点，同时又分别用一条线把它们连接到底线上。

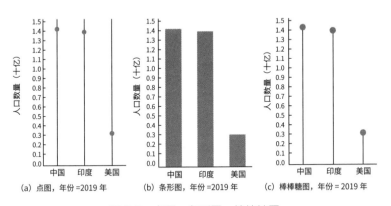

图 3.7　点图、条形图、棒棒糖图

那么，我们的大脑是如何解读图 3.7（b）中条形图所表示的数量的呢？在图 3.7（b）中，我们可以找到几种简单的编码。首先，我们可以通过查看矩形条顶部边缘的位置来解读数量，这与我们在点图中借助圆点的位置解读数量是一样的。其次，我们还可以在条形图中使用长度和面积来比较数量。关于这一点，克利夫兰和麦吉尔在 1984 年的研究论文中如下写道：

> 此时，用于表示数据的图形元素（矩形条）的长度和面积也发生了变化。虽然解读图表中的数据主要是靠矩形顶端的位置实现的，但是我们猜测矩形条的面积和长度在这个过程中可能也起了一些积极的作用。

图 3.7（c）中的棒棒糖图也是如此，但是由于连接线很细，所以面积可能起不了多大作用。请注意，上面引述的话中，使用了"猜测"这个词。在克利夫兰和麦吉尔那个年代，作为图表观众，人们对于解读不同类型图表的方式不甚了解，从某种程度来讲，现在也是如此。我们可以推断各种图表的构建方式，还可以根据实验结果，判断各种编码方式（即各种图表）的优劣。但事实是，当我们解读某种数据图表时，大脑中有很多区域参与其中，具体的运作机制还不是很清楚。随着研究人员不断改进实验，相关研究不断深入，我们对这个过程的认识也会越来越深刻。

不过，有一点我们很确定：当条形图中的各个矩形条未靠基准线对齐（即没有相同的基准线），或者在图表中使用图形面积表示待比较的数量时，对于数量相差多少，猜对的可能性会大大下降，如图 3.8 所示。

使用矩形条长度比较不同国家的人口，年份 =2019 年

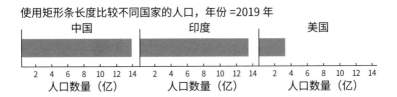

使用圆形面积比较不同国家的人口，年份 = 2019 年

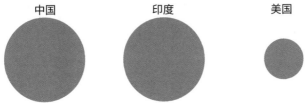

图 3.8　使用未对齐的条形图（上）和圆形面积（下）表示人口数量

　　例如，看着图 3.8 中的两套图，你是否能准确地说出，在 2019 年，是中国的人口多，还是印度的人口多？根据图 3.8 中的圆，我们很难回答上面这个简单的问题，但是如果看着前面创建的那个条形图，这个问题的答案我们可以脱口而出。在图 3.8（下）中使用圆形面积表示三个国家 2019 年的人口数量，你能猜出印度人口是美国人口的几倍吗？这不容易猜对。但如果使用的是条形图，那猜测的准确度会大大增加。正确的答案是，印度的人口是美国人口的 4.16 倍。你觉得，使用哪种图表比较起来会更轻松？

　　不过，图 3.8 可以清楚地表明：在 2019 年，中国和印度

的人口规模相似，美国的人口规模则小得多。如果你只需要得到上面这一个基本结论，那么在图3.8中，不论你使用哪套图，都是够用的。但是，如果你想得到更多、更深刻的结论，那它们恐怕就不行了。

接下来，再说说条形图的方向，是沿水平方向摆放（矩形条沿垂直方向生长）好，还是沿垂直方向摆放（矩形条沿水平方向生长）好呢？这两种方向的条形图上面都提到了，有没有一些有用的经验法则可以帮助我们做判断呢？这主要取决于我们关注的数据主题。考察某个主题时，某一种摆放方式可能要比另外一种方式更合适、更自然。

例如，比较某支足球队队员的身高时，沿水平方向摆放矩形条（矩形条向上生长）会更好，因为我们一般都是在人站着的时候才能准确地判断出谁更高。如果我们比较的是某件事耗时的长短，那最好还是沿着垂直方向摆放各个矩形条（矩形条向右生长），因为我们一般都认为时间是沿水平方向从左向右流动的。当然，这些都不是硬性规定，但有时可以考虑用一下。图表与其代表的实际情况越相似，大脑解读起来就越不费劲。

3.4 容易误导人的条形图

图表和解读者之间一条心照不宣且不成文的约定是，呈现数据时，图表不会用令人困惑的方式来误导或欺骗人。条形图表示数量时用的是位置、长度、面积通道，即矩形条起始边和结束边的位置、起始边与结束边之间的距离、矩形四条边围成的面积。如果编码时未能如实地把数量转换成矩形条的这些属性，那么图表和解读者之间的约定就会被打破。

图表中有问题的编码会误导解读者，这样的图表有很多。为了正确地解读图表，聪明的图表解读者一定会留心注意这类图形问题。例如，某些极端情况下，条形图中的矩形条没有与其表示的数据值对应起来。它有可能由数据中的另一个值决定；或者，制作条形图时，制作者只是随便画了几个矩形（长度随机），然后在上面加上数值标签。虽然这听起来有点荒谬，但确实发生过。

仔细看一下图 3.9。矩形条代表的应该是 2017 年各个国家居民的预期寿命（以岁为单位），但是矩形条右侧的标签却是 2017 年各个国家的城市人口数（以百万为单位）。

这引出了识读图表秘籍（边学习边完善）中的第二条提示。

提示 #2：搞清楚数据中的哪些变量对应于（编码）图表中的哪些视觉通道。

条形图中另一个更常见的问题是，矩形条的长度和数据值不成比例，因为图表的坐标轴没有零点。想一想：有几种方式可用来展现 2019 年中国和印度的人口数量，见图 3.10 所示。

在图 3.10（a）中，图的底线对应的人口数量为零，各个

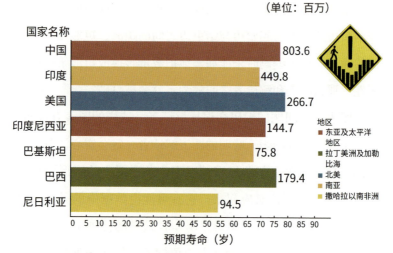

使用条形图展现 2017 年各个国家人口的预期寿命（标签中的数字指城市人口数）

图 3.9　一个令人困惑的图表：标签（人口数）与矩形条表示的含义（预期寿命）不一致

矩形条基于该条基线向上生长。从这个图表中，我们能一眼看出，2019 年中国和印度两个国家的人口数量几乎一样，中国比印度只多出了一点点。

在图 3.10（b）中，图的基线代表的是 13.5 亿人口，两个矩形条基于它向上生长，y 轴和矩形条仅显示出一部分，感觉就像被截断了一样。注意不到这一点，就会得出了一个错误的结论——2019 年中国的人口数量几乎是印度的 3 倍。解读图表时，一定要注意观察坐标轴，防止出现类似的解读问题。在图 3.10（c）中，y 轴和矩形条上都加了截断标志，对图解读

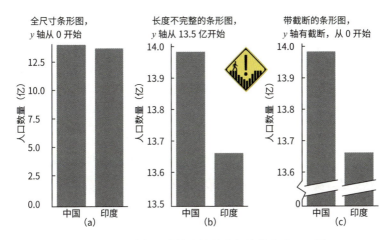

图 3.10　三种条形图处理连续坐标轴的方式不一样

者有了一个很好的提醒。

为了避免这个问题，有些人强加了一条铁律，即 y 轴（或 x 轴）应该总是从零开始，不要有例外。这是一条值得推广的经验法则，但请注意，在某些情况下，图表的坐标轴可能不是从零点开始的，例如可以从负值开始，如赢利能力；或无绝对零点的定距量表变量，如温度。解读图表时，一定要注意用来对定量变量进行编码的连续坐标轴。

提示 #3: 若图表中存在连续坐标轴，请注意观察它们的起点和终点。

上面我们学习了用于展现数量信息的点图和条形图（一次只展现一个分类变量）。学习过程中，首先我们研究了世界上各大地区的人口数量。然后，比较了几个国家的人口数量。

那么，比较数量时，我们如何使用图表同时显示多个分类变量呢，就像上一章中的热图那样。

● 3.5 条形图网格

　　上一章比较数量时我们使用热图实现了同时比较多个分类变量。类似地，我们也能设计出同时包含多个分类变量的条形图——条形图网格。比如，我们想比较一下 2019 年世界三大地区的人口数量，同时按照收入高低把每个地区的人口数量分成 4 组。这样算来，共有 12 个分组（3 × 4）。见图 3.11 所示，我们可以用两种方式排列 12 个矩形条。

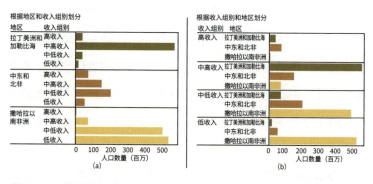

图 3.11　用两种方式排列 12 个矩形条（两个分类变量的先后顺序不同）

　　在图 3.11（a）中，首先按照地区把数据分成 3 组，再根据收入组别把每个分组进一步划分成 4 个小分组（行），每个小分组对应 1 个矩形条。请注意，在第 2 列中，收入分组共重复了 3 次，每次都是根据固有顺序降序排列，即高收入组在上，低收入组在下。

在图 3.11（b）中，分类变量的顺序发生了变化，变成了先"收入分组"再"地区"。首先根据收入分组，按照从高到低的顺序，把数据划分成 4 组，然后把每个分组进一步分成 3 行，每行代表一个地区。此时，在表格第 2 列中，三大地区重复出现了 4 次。

这两种条形图有什么不同？哪个更好呢？这要看你在意的是哪一种比较。你希望能够快速轻松地比较一下各大地区的人口数量吗？若是如此，图 3.11（a）中的图表设计方式会更有用，因为每个区域的所有矩形条都是挨在一起的。如果你关注的是不同收入分组下各个地区的人口数量，那图 3.11（b）中的图表设计方式会更好，原因是每个收入分组的所有矩形条都紧挨在一起。

还有一种图表设计方式可以避免图 3.11 中出现的分类重复的问题。前面我们创建过热图网格，按照同样的思路，我们也可以创建一个条形图网格（2D 表格），把一个分类变量作为行，另一个分类变量作为列。这里，我们创建一个 4 行（每行代表一个收入组别）3 列（每列代表一个地区）的网格，这样我们就有了一个 4×3 的条形图网格，如图 3.12 所示。

这样设计非常好，因为收入组别沿垂直方向排列，收入高的在上，收入低的在下，与其固有顺序保持了一致。当然，我们也可以灵活地对调行与列，还可以把矩形条的生长方向从水平方向改为垂直方向。但请注意，每一个更改都会导致共享基线的矩形条发生变化。在图 3.12 中，各个地区中的所有矩形条共用一条竖直基线，使得我们能够很轻松地比较每个地区中处在不同收入组别的人口数量。

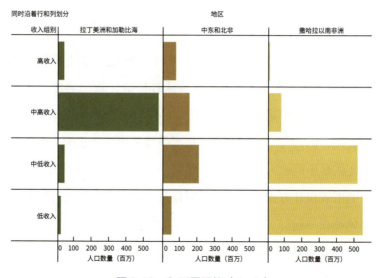

图 3.12　条形图网格（4×3）

保持网格不变（4×3），把 12 个矩形条旋转 90°，便得到另外一种矩阵形式的条形图网格，见图 3.13 所示。请注意，在图 3.13 中，每个收入组别中的所有矩形条共用一条水平基线，使得我们能够很方便地比较同一个收入组别下不同地区的人口数量。

由上可知，设计条形图时，矩形条的排列方式多种多样，当同时比较多个分类变量的数量关系时，有许多种排列方式供我们选择。到底应该选择哪种排列方式？要回答这个问题，我们必须搞清楚如下几个问题：需要执行什么任务，需要提哪些问题，以及哪些能最好地回答这些问题。把这些问题搞清楚了，我们才能判断一个图表是否有助于帮我们完成工作。

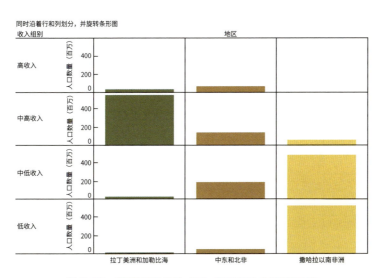

图 3.13　把矩形条旋转 90° 后得到的条形图网格

由此，我们得出解读图表的第四条（**本章第 3 条**）提示，如下。

提示 #4：问问自己，图表的编码和设计方式是否有助于你回答那些最重要的问题。

这一章中，我们研究了几个国家或地区的情况，这些国家或地区放在一起并不能构成一个整体。也就是说，它们合在一起并不是一个完整的、可命名的实体。但是，如果它们合在一起是一个完整的整体呢？下一章中，我们重点研究图表的编码和类型，这些内容有助于我们发现数据中部分与整体的关系。

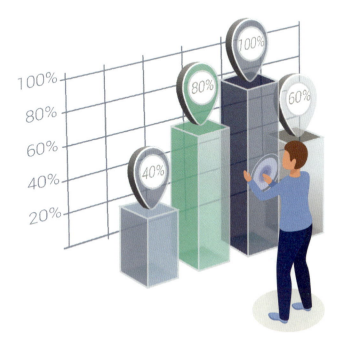

第 **4** 章

部分与整体的关系

> "一种全新的现实主义存在于人们对一个物体或其
> 一部分的想象方式中。"
>
> ——法国画家费尔南·莱热

有时候，我们需要考察某个整体或总量是怎么分解成各个组成部分的。了解每一部分在总量中所占的百分比，以及这些相对量相互比较的方式可能大有裨益。有时，我们会把各个部分拼在一起，形成一个整体，比如拼图或机械组装。有时，我们也会主动把整体划分成或拆解成多个部分，例如公司的年度预算。在这两种情况下，我们都必须认真地考虑部分与整体的关系。

这些情况不仅现在司空见惯，在以前也很常见，并且促使数学领域有了突破性的发展。最早的代数过程是公元820年巴格达的一位名叫"阿尔-花剌子模"（Al-Khwarizmi）的波斯博学家写下的，他的拉丁化名字是 Algorithmi，这正是英语单词"algorithm"（算法）的来源。他提出的"Al-jabr"［"algebra"（代数）一词的词根］方法，就如何按照伊斯兰教法解决分配土地或分割遗产有关的日常问题给出了实用性建议。

对于涉及部分与整体关系的情况，搞清用什么图形编码能有效地描述部分与整体的关系很有必要，也很有用。要想熟练地解读图表，我们就必须学会如何解读使用这些图形编码的图表。当今世界中，涉及部分与整体关系的一些常见场景有：

- 整体：公司的月收入；部分：各个区域的收入。
- 整体：公司的月收入；部分：各个产品线的收入。
- 整体：一个班的学生人数；部分：按性别划分的学生人数。
- 整体：网站一周的访问量；部分：不同设备（手机、平板、台式机）对网站的访问量。
- 整体：一场选举中所有选票数；部分：每个候选人的得票数。

考察部分与整体的关系时，我们必须关注（或使用）那些表现部分与整体关系的图形编码。反之，当我们考察的数据不表达部分与整体的关系时，就不应该关注（或使用）那些表现部分与整体关系的图形编码。这就是我们在第一章中提到的"可表达性"准则的具体应用，即编码（图表）应该且只能展现数据中包含的所有信息。

那么，编码（图表）是如何让我们知道当前面对的是一个部分还是整体呢？有些图表中，图形标记本身的排列方式就能表达出"整体"的含义。下面结合一个例子，帮助大家进一步理解。

前面一直在用世界人口数据集，接下来我们继续使用它，先从前面刚刚讲过的条形图说起。上一章末尾我们只考察了

几个地区的人口数量，这次我们把世界各地每个国家及地区
的人口数量全都考虑进去。这样一来，在考察部分与整体关
系时，就有了"整体"。

⬣ 4.1 堆叠式条形图

根据世界银行提供的全球人口数据集，统计一下 2019 年
全球的人口数量（217 个国家和地区），得到 2019 年全球总人
口数量大约是 76.6 亿。我们用一个条形图表示这个数字，见
图 4.1（a）所示。图 4.1（b）的条形图中也只有一个矩形条，
但是整个矩形条被分割成了七部分，每一部分代表一个地区的
人口数，最终形成了一个堆叠式条形图。

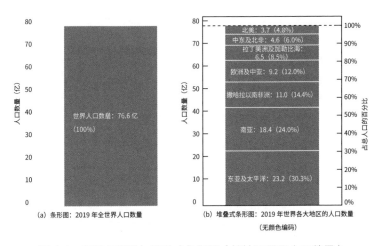

(a) 条形图：2019 年全世界人口数量

(b) 堆叠式条形图：2019 年世界各大地区的人口数量
（无颜色编码）

图 4.1　普通条形图与堆叠式条形图（按地区显示人口数量）

通过使用颜色色相和饱和度，我们还可以设计出另外两种堆叠式图表，见图 4.2 所示。

在图 4.2（a）中，在不同区段中着以不同颜色（色相）表示不同的地区。地区名是一个定类量表变量，它本身没有固定顺序，因此使用不同色相表示它们，符合前面提到的"可表达性"准则。因为色相本身也没有顺序，它不会让我们感觉有什么顺序存在。矩形条的各个区段之间本就存在分隔线，现在又着以不同颜色，各个区段的区分感就更强烈了。

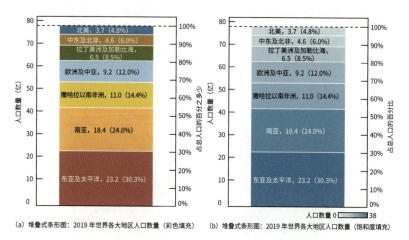

(a) 堆叠式条形图：2019 年世界各大地区人口数量（彩色填充） (b) 堆叠式条形图：2019 年世界各大地区人口数量（饱和度填充）

图 4.2　两种应用了颜色的堆叠式条形图

在图 4.2（b）中，代表各个地区人口数的区段使用具有不同饱和度的同种颜色填充，饱和度越高，人口越多；饱和度越低，人口越少，图表下方的图例也指出了这一点。"人口"是一个定量变量，使用颜色饱和度表示它符合"可表达性"准则，因为颜色饱和度的高低能够很自然地表现出数量的多少。
在图 4.2（b）中，颜色的饱和度是一种冗余编码，因为矩形条
的高低本身已经把人口数量的多少表现出来了。也就是说，同
一个图表对人口数量做了两次编码。

请注意，在堆叠式条形图中，有两条 y 轴，左侧 y 轴表示
的是人口数量，右侧 y 轴表示各地区人口数量在总人口数量中
的占比。在各个区段（小矩形条）的标签中，显示有各个地区
的名称、2019 年本地区的总人口数量，以及在全球总人口数
量中的占比。例如，2019 年，南亚地区的总人口数量为 18.4
亿，占世界总人口数量的 24.0%。看着这张图表，你能说出，
南亚与东亚及太平洋地区的全部人口数量加起来比世界总人口
数量的一半是多还是少？它们分别对应着大矩形条底部的两个
区段，比照着右侧 y 轴，我们可以看到两个区段合在一起的总
高度超过了 50%。

把矩形条沿顺时针方向旋转 90°，得到一个沿水平方向
堆叠的条形图，见图 4.3 所示。前一章中，我们提到了"自然
编码"的概念，但在表现人口数量时，条形图的朝向似乎没那
么重要。不过，在沿水平方向堆叠的条形图中，识读起来稍微
困难一些，因为各个区段中的标签也跟着一起旋转了，所以不
太好识读。

堆叠式条形图还有一种变形，叫"瀑布图"，见图 4.4（b）
所示。"瀑布图"就是把大矩形条的各个区段切割开，然后分

堆叠式条形图: 2019 年世界各大地区人口数量

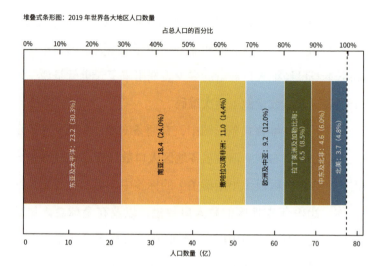

图 4.3　沿水平方向堆叠的条形图

别移动到一个单独的位置上,使其独占一行或一列,把总体一步步分解成各个部分,产生一种瀑布效果。

　　瀑布图再配以代表总数的单个矩形条,可以把"部分与整体"的关系充分地展现给图表观众。瀑布图在财务领域中很常见,比如用来展现各部门预算的情况,在这样的瀑布图中有些区段可能是负的。图 4.5 是一个瀑布图的例子,其展现的是美国预算支出的变化,在图中我们可以看到每年联邦资金分配的变化情况。

　　从蒙兹纳制作的图(图 1.21)中,我们可以知道,没有十全十美的图表,任何一个图表都有优缺点。在选择图表来表现数据时,我们都需要做一定的权衡。例如,与标准条形图相

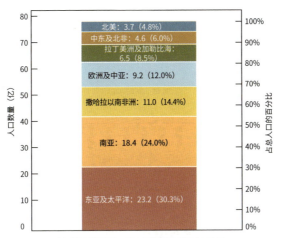

（a）堆叠式条形图：2019 年世界各大地区人口数量

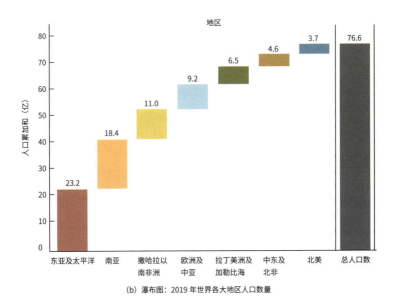

（b）瀑布图：2019 年世界各大地区人口数量

图 4.4　堆叠式条形图与瀑布图

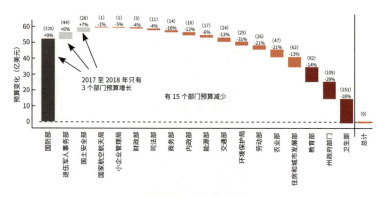

图 4.5　瀑布图：展现美国各个部门预算分配的变化情况

比，堆叠式条形图和瀑布图有一个共同的缺点，即各个区段
（小矩形）没有共同的基线，因此要想准确比较各个区段的相
对大小并不容易。

当你希望准确呈现部分与整体的相对数量关系时，最好
使用标准条形图，而且还要在其中加上百分比标签和表示总数
的矩形条，这样才能有效地提醒观众当前图表展现的是部分和
整体的关系。图 4.6 中显示的就是这样一种条形图。

上面我们学习了如何看图表中的部分与整体的关系，但
这些图表中表现的只是一个分类变量。这个过程中，我们使用
了世界人口数据集，学习了如何按照地区把世界总人口数量分
解成各个部分。当图表中表现的分类变量多于一个时，应该如
何考察数据中包含的部分与整体的关系呢？前两章中，我们通
过分区创建了一个由阴影单元格、圆圈或矩形条组成的网格或
矩阵。事实证明，这是一种比较数量的有效方法，它能够很好

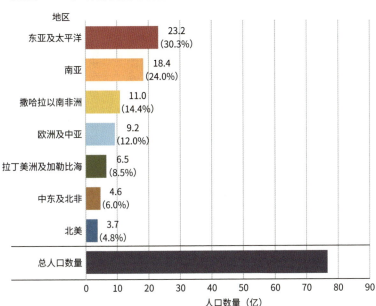

图 4.6　展现各个地区人口数量的条形图（含总人口矩形条和百分比
标签）

地把数量分解成两个分类变量的组合。

　　不过，与其根据两个分类变量划分视图，不如使用第一个分类变量创建多个矩形条，使用第二个分类变量来定义堆叠式条形图的各个区段。在图 4.7（a）中，按照收入组别，把世界人口划分成了四部分（四行），每一部分用一个矩形条表示，每个矩形条又根据不同地区（七大地区）划分成若干段，分别用不同颜色表示。

　　在图 4.7（b）中，我们看到的不是实际人口数量，而是每

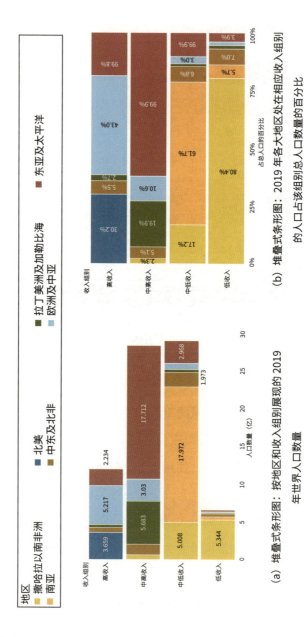

图 4.7 堆叠式条形图：（a）按收入组别和地区展示的各地区人口数量（b）按收入组别和地区展示的各地区
人口数量的占比

个地区在各个收入组别中人口数量占总人口数量的百分比。在图 4.7（b）中，每个矩形条代表一个收入组别，并且按照地区分成若干区段，这些区段的人口数量加起来就是处于相应收入组别的所有国家及地区的总人口数量，其对应的百分比是 100%。

你说哪个堆叠式条形图更好呢？是左侧显示具体人口数字的图 4.7（a），还是右侧显示人口占比的图 4.7（b）？这要看你在意的是哪一种比较。左侧堆叠式条形图［图 4.7（a）］适合用来比较真实的人口数量，但很难用来比较各个地区的人口占比。

右侧堆叠式条形图［图 4.7（b）］适合用来回答各个收入组别中各个地区人口的占比问题，但是不能用来比较各个收入组别人口数量的多少。从这个意义上说，没有所谓的哪一个比另一个更好之说，同时使用它们，可以更好地、更完整地展现数据关系。

前面我们介绍的各种数据图表使用的都是笛卡尔坐标系（或称直角坐标系）。在这种坐标系中，位置和大小以（x，y）形式表示，它是二维平面中的一个点，x 与 y 分别是点在 x 轴和 y 轴上对应的值。笛卡尔坐标系是一个非常强大的坐标系统，用来做线性比较会非常简单、直观。但有时在做数据可视化时，使用极坐标系会更方便。在极坐标系中，一个点由其到极点的距离（r）以及与极轴之间的旋转角度（θ）确定。

◔ 4.2 饼图

在这一节中，我们介绍一下最具争议的一种图表——饼图。饼图也算是一种堆叠式条形图，只不过它用的是极坐标系，而非直角坐标系。在前面讲的堆叠式条形图中，我们用的是矩形，是把一个矩形条分成了若干线性区段；而在饼图中，我们用的是一个圆饼（圆形），是把一个圆饼分割成若干饼块（或称扇区）。在图 4.8 中，图 4.8（a）是一个堆叠式条形图，用的是矩形；图 4.8（b）是把矩形换成圆形后得到的饼图。

一个圆一圈是 360°，我们可以把一个圆分成若干扇区（或切片），各个扇区中心角的大小与其占总量的百分比成正比。例如，2019 年东亚及太平洋地区的人口数量占世界总人口数量的 30.3%，则代表该地区的饼块的中心角为 30.3%×360°＝109.08°。2019 年南亚地区人口数量占世界总人口数量的 24.0%，则代表该地区的饼块的中心角为 24.0%×360°＝86.4°。中心角为 90° 的饼块正好占整个圆的四分之一（25%），在图 4.9 中，浅橙色饼块占的比例不到整个圆的四分之一。

饼图的历史也很悠久。历史上的第一个饼图大概出现在威廉·普莱费尔 1801 年出版的《统计学摘要》一书中，前面我们已经提到过他，后面的讲解中还会再次提到他。在《统计学摘要》一书中，普莱费尔展示了 19 世纪初欧洲各国的数据。

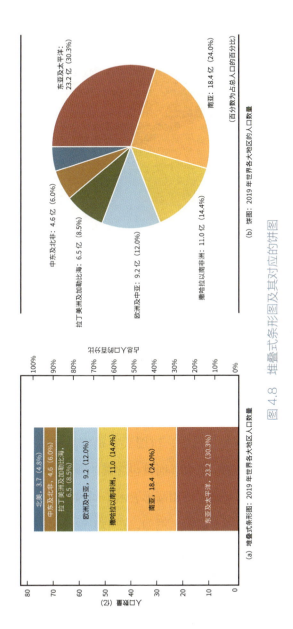

(a) 堆叠式条形图: 2019 年世界各大地区人口数量

(b) 饼图: 2019 年世界各大地区的人口数量

(百分数为占总人口的百分比)

图 4.8 堆叠式条形图及其对应的饼图

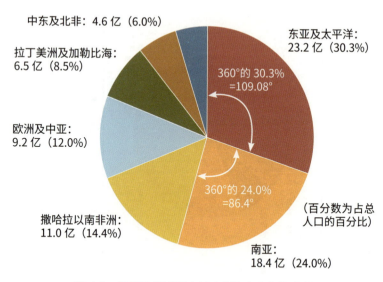

中东及北非：4.6 亿（6.0%）

拉丁美洲及加勒比海：
6.5 亿（8.5%）

欧洲及中亚：
9.2 亿（12.0%）

撒哈拉以南非洲：
11.0 亿（14.4%）

东亚及太平洋：
23.2 亿（30.3%）

360°的 30.3%
=109.08°

360°的 24.0%
=86.4°

（百分数为占总
人口的百分比）

南亚：
18.4 亿（24.0%）

图 4.9　如何计算饼图中某个饼块中心角的度数

他在这部作品中使用的饼图是其最重要的发明创造。早在几个世纪之前，欧拉等人就已经把"含扇区的圆"广泛应用于数理逻辑中，但普莱费尔使用饼图来展现数据在他那个时代是具有革命性的。

在普莱费尔的作品中，饼图其实是信息图的一个组成元素，信息图更复杂、更大，而且包含其他编码。在《统计学摘要》一书中，普莱费尔使用圆形表示不同国家，各个圆的面积代表相应国家的国土面积。例如，在书中他使用一个圆表示土耳其帝国，普莱费尔希望把土耳其帝国的国土面积跨越三个大洲（欧洲、亚洲、非洲）这一点展现出来。于是，普莱费尔把代表土耳其帝国整个国土面积的圆形分割成三个饼块，这三

个饼块分别对应着土耳其在三个大陆上的国土面积，见图 4.10
所示。

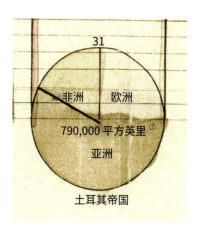

图 4.10　普莱费尔《统计学摘要》书中的一张饼图

在《统计学摘要》一书出版后的一个世纪里，饼图变得
非常流行，但当时的叫法并不是"饼图"（pie chart）。工程
师兼作家威拉德·科普·布林顿（Willard Cope Brinton）在
1914 年出版的《呈现事实的图形方法》（*Graphic Methods for
Presenting Facts*）一书中把饼图称为"含扇区的圆"（circle
with sectors），并将其［图 4.11（b）］与堆叠式条形图［图 4.11
（a）］做了比较，他写道：

展现部分与整体关系时，相比于其他图表，含扇区的圆

---

①　1 平方英里 ≈ 2.59 平方千米。——编者注

是一种应用更加广泛的图表。但是，这种"含扇区的圆"也不是最理想的图表，它不具有堆叠式条形图那样的灵活性。在"含扇区的圆"中，各个扇区的名称安排起来不是那么方便。

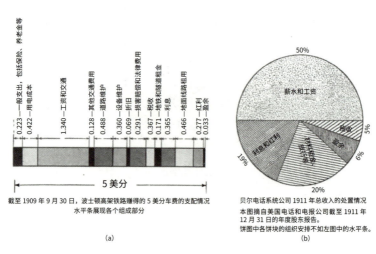

截至 1909 年 9 月 30 日，波士顿高架铁路赚得的 5 美分车费的支配情况
水平条展现各个组成部分

(a)

贝尔电话系统公司 1911 年总收入的处置情况
本图摘自美国电话和电报公司截至 1911 年
12 月 31 日的年度股东报告。
饼图中各饼块的组织安排不如左图中的水平条。

(b)

图 4.11　布林顿在《呈现事实的图形方法》一书中比较堆叠式条形图和
饼图

　　到了 20 世纪 60 年代，人们才把"含扇区的圆"称为"饼图"，但不少数据可视化专家仍然不认可饼图，因此出现了大量负面报道。美国图形分析家玛丽·埃莉诺·斯皮尔在 1969 年出版的《实用制图技术》一书中对饼图做了如下阐述：

　　"饼图（或扇形图）是一个圆饼，其面积被分割成多个饼块。饼图适合用来比较不同饼块，展现部分与整体的关系。但使用饼图时一定要谨慎，尤其是当整体由很多个部分组成时，在展现部分与整体关系时，应慎用饼图。使用饼图很难做到精确比较各个饼块，而且很难往饼块上添加标签。

与布林顿的主张一样，斯皮尔也认为给饼图的各个饼块加标签是件困难的事。关于饼图的使用，她有两点提醒：第一，当整体由许多部分组成时，应慎用饼图；第二，使用饼图很难做到精确比较各个组成部分。接下来，我们分别讲一下这两点提醒。斯皮尔的第一点提醒是，当整体由许多部分组成时，应慎用饼图展现部分与整体的关系，图 4.12 中的饼图正好佐证了这一点。图 4.12 中的饼图展现的是各个字母在英语中的使用频率，前面我们使用热图展现过。这里，我们使用饼

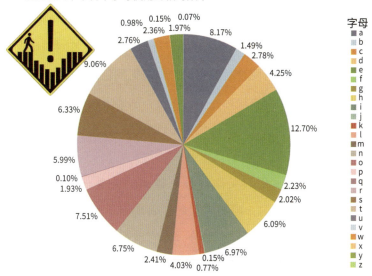

图 4.12　一个有问题的饼图：饼块太多，颜色太多

图展现的是 26 个字母在英语中的使用频率。

图 4.12 的第一个问题是，在视觉上给人眼花缭乱的感觉，让人不知所措。饼图中饼块的数量太多，颜色也多；另一个问题是，比较饼块大小时很难做到一目了然。只有借助饼块旁边的标签，才能确切知道两个大小相近的饼块哪个更大。

还有一个问题是，图 4.12 中一共有 26 个饼块，但是只用了 20 种颜色，也就是说，有些饼块的颜色是一样的。看一眼图例，你会发现代表字母 a 和字母 u 的饼块颜色一样，都是蓝色。再看着饼图，你能知道字母 a 对应的是 8.17% 还是 2.76% 吗？字母 b 与字母 v 都是浅蓝色，那你能说出字母 b 的出现频率是 1.49% 还是 0.98% 吗？

事实上，前 6 个字母的颜色和最后 6 个字母的颜色是一样的，这会引起图表的误读，导致字母与饼块、标签对应错误。对于这个问题，有两种解决办法，一是把颜色数增加到 26 种，二是把字母添加到饼块标签中。不过，从图表可以看到，标签本身已经很拥挤了，而且添加更多种颜色听起来也不是一个特别好的方法。

总之，如果你只关注部分与整体的关系，那图 4.12 中的饼图还是不错的，因为它很好地表现出了部分与整体的关系。但如果你想比较各个部分，那它就不是很有效了。关于这一点，斯皮尔也说了，饼图很难用来准确比较各个饼块。如果你希望准确比较整体的不同组成部分，那你应该更多地关注图表的有效性而非可表达性，此时条形图就是一个不错的选择，如图 4.13 所示。在图 4.13 中，展现各个字母在英语中的出现频率时，既用到了矩形条的高度，又用到了颜色的饱和度。这也是一个冗余编码的例子，因为矩形条高度和颜色饱和度这两种编码方式表现的都是字母出现的频率。

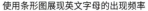

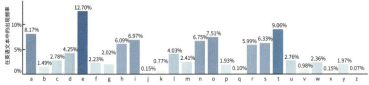

图 4.13　展现各个字母在英语文本中出现频率的条形图

图 4.14 中的图表由维基百科用户舒茨（Schutz）制作，它很好地向我们表明：相比于比较条形图中矩形条的长度，比较饼图的饼块要更困难一些。有三组不同的百分比数据，分别用来创建一套图表，每套图表由一个饼图（上）及其对应的条形图（下）组成，如图 4.14 所示。只看三个饼图，我们几乎看不出它们之间有什么区别，也看不出每个饼图的各个饼块之间存在什么关系。但是看着饼图下方的条形图，我们能立即做出如下判断：在第一组数据中，各个数值依次变大；在第二组数据中，各个数值大致相同；在第三组数据中，各个数值依次变小。

再说一次，与饼图相比，条形图不适合用来表现部分与

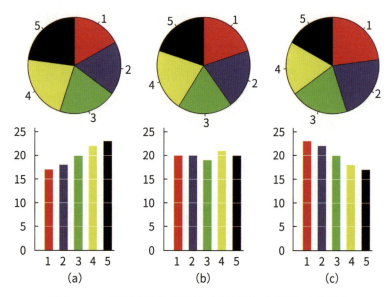

图 4.14 三组百分比数据及其对应的图表（饼图与条形图）

整体的关系，但在表现部分与部分之间的关系时，它要优于饼图。这是不是说，我们应该赞同那些"反饼图"的数据可视化专家的意见。近年来有些专家宣扬"饼图是不好的"，甚至呼吁"让饼图消失"。可永远放弃饼图，就是对的吗？

不要急着下结论。视觉复杂性网站（VisualComplexity）的创始人曼纽尔·利马（Manuel Lima）说，圆形象征着统一、完美、运动和无限。与人交谈中，我们经常提到自然界中的"生命循环圈"、音乐中的"五度循环圈"，以及社会关系中的"信任圈"。作为一种数据可视化手段，一方面我们确实应该留意饼图的缺点，另一方面我们也不应该急着放弃它们。所有图表都有其缺点，饼图也不例外。

在某些数据可视化场景下，饼图不仅合适，而且效果可能比条形图更好。例如，我们想告诉观众：南亚地区的人口差不多占全球人口的四分之一。为此，我们制作了三个图表，分别为条形图、堆叠式条形图、饼图，见图 4.15 所示。

比较三个图表，你会发现，就向观众传递上面信息来说，饼图是最有效的。在图 4.15（c）的饼图中，我们很容易看出，它占据大约整个饼图的四分之一。但是，同样是这样一个信息，我们却很难从另外两个图表看出来。

也就是说，有些情况下饼图很有用，而有些情况下饼图一点用没有。事实上，每种图表都是如此。不容否认的一点是，饼图经常被滥用，常常被用在一些不合适的场景下，这十分令人沮丧、懊恼，但我们也不能因噎废食。关于饼图，美国统计学家兼计算机科学家利兰·威尔金森（Leland Wilkinson）说过一句很经典的话：

"饼图也许是现在用得最多的一种图表。（人们对它的态度冰火两重天。）统计学家们咒骂它（毫无道理），而管理者们膜拜它（毫无道理）。"

使用饼图时，还有另外两个常见问题需要注意。饼图是一个完整的圆，各个饼块相互独立，而且各个饼块能完全穷尽所有情况。这就是著名的 MECE 原则，读作"ME-see"。前两个字母 ME 是 mutually exclusive 的首字母缩写，含义是"相互

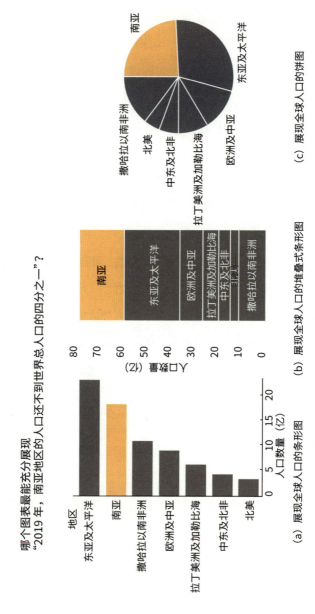

哪个图表最能充分展现
"2019 年，南亚地区的人口还不到世界总人口的四分之一"？

(a) 展现全球人口的条形图　　(b) 展现全球人口可以有效地展现部分占整体的百分之多少　　(c) 展现全球人口的饼图

图 4.15　饼图可以有效地展现部分占整体的百分之多少

独立"（不重叠）。换言之，在一个饼图中，某个项或数据点能且仅能属于某"一个"饼块。如果饼块之间相互不独立，那么所有饼块的占比加起来就有可能超过 100%。

为了说明这个问题，请看图 4.16 中的饼图，它展现的是一项民意调查结果，该调查的内容是询问选民在即将到来的选举中会支持哪一位候选人。

各位候选人支持率

"在这些候选人中，你最希望哪位成为民主党的总统候选人？允许多选。"

2020 年 2 月 12 日至 15 日，调查倾向于民主党人的民主党人和无党派人士的情况

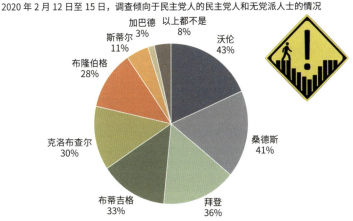

图 4.16　饼图中各个饼块的占比之和超过了 100%

乍一看，这个饼图好像很简单，但仔细观察就会发现，这些饼块的大小和相应标签上标的占比不一致。民意调查中，有 43% 的受访者表示会支持伊丽莎白·沃伦，但是在饼图中，代表她的饼块却占不到整个饼图的 20%。其他饼块也存在同

样的问题。若把所有标签中的百分比加起来，你会发现总和是233%。这是怎么回事？

造成这个问题的原因是，受访者在民意调查中可以选多个候选人。也就是说，受访者的选择不是相互独立（相互排斥）的。这种情况在调查中经常出现，因为调查问题往往允许受访者多选。当使用饼图展现这类数据时，就会产生很大的误导性。所以在展现这类数据时，使用条形图会更好，因为条形图一般不会对部分与整体的关系产生误导效果。使用条形图展现上面的民意调查结果，见图 4.17 所示。

条形图：各位候选人支持率
"在这些候选人中，你最希望哪位成为民主党的总统候选人？允许多选。"
2020 年 2 月 12 日至 15 日，调查倾向于民主党人的民主党人和无党派人士的情况

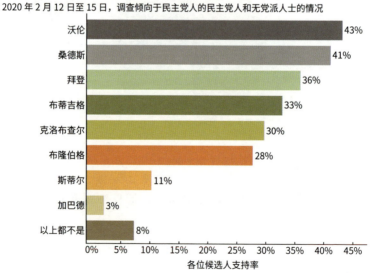

图 4.17　使用条形图展示民意调查结果

MECE 原则的最后两个字母 CE（collectively exhaustive）表示的含义是"完全穷尽"（不遗漏）。使用饼图展现各个国家、地区或收入组别的人口数量时，如果这些数据是不完整的，就无法形成一个有意义的整体，最终得到的饼图很可能会让人产生误解。请看图 4.18 中的两个饼图。左侧饼图同时展示了四个不同的收入组别，展现得非常完整。因此，饼图的所有饼块是"完全穷尽"的。但右侧饼图中，只包含了四个收入组别中的两个。此时，饼图中的饼块就不是"完全穷尽"的，两个饼块组成的饼图就会有误导性。实践中，我们应当尽量避免这种情况。

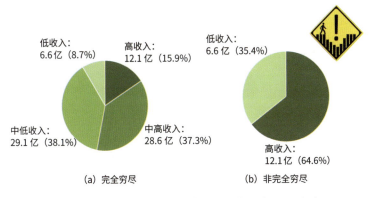

图 4.18　按收入组别展现全球人口数量（2019 年）

这就引出了如下一个图表识读技巧。

提示 #5：如果图表表达完整性或完备性，请确保图表的各个组成部分符合 MECE 原则——相互独立与完全穷尽。

由于饼图饱受诟病又极具争议，所以在结束这部分内容之前，我们再一起看一下饼图的一个变种：圆环图（又叫环形图、甜甜圈图）。简单地说，圆环图就是一个中心镂空的饼图，见图4.19所示。有了中间的孔洞，各个饼块的中心角（圆心角）就看不见了，但是根据各个饼块的边缘位置、面积、弧长，我们照样能对它们进行粗略的比较。

如图4.19所示，在圆环图中心的孔洞处，可以很方便地显示一些信息，比如单独数据点、徽标，以及与圆环图数据相关的其他图形。

使用圆环图展现2019年全球人口数量（按地区划分）

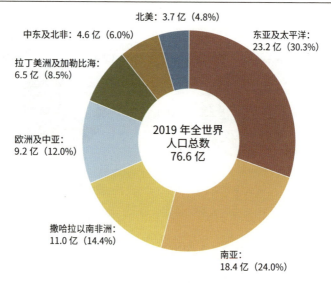

图 4.19　使用圆环图展现世界各大地区的人口数量

⬤ 4.3 树图

前面在使用堆叠式条形图和饼图展现世界人口时，我们通过分割矩形条或圆形把世界总人口分解成了多个部分。这两种图表分别使用长度和角度编码通道来表现部分与整体的关系。不过，从技术上说，我们也可以在这两种图表中使用面积编码通道来比较不同地区的相对人口数量。在饼图中，如果两个饼块的面积是两倍关系，则代表它们所表示的人口数量也是两倍关系；在堆叠式条形图中，如果一个矩形条的面积是另外一个矩形条的两倍，则它们代表的人口数量也是两倍关系。

根据基础几何学知识，我们知道矩形的面积等于矩形的长度乘以宽度。在堆叠式条形图中，各个矩形条的宽度是一样的，各个矩形面积的差异完全是由它们高度的不同引起的。若允许矩形有不同的长度和宽度，而且只使用面积表示人口数量，会怎么样？把各个小矩形拼在一起，组成一个更大的矩形，用以表达一个完整的统一体，这样我们就得到了一种新类型的图表。这种新图表就是所谓的"树图"，见图 4.20 所示。

看起来分明像床棉被，怎么就叫它"树图"呢？怪哉！在图 4.20 中，各个矩形的面积代表（编码）相应地区的人口数。在蒙兹纳制作的有效性列表（图 1.19）中，2D 面积编码通道处在中游，乍一看，树图跟前面介绍的其他类型的图表相比好像没什么优势，这是因为图 4.20 中的树图太简单了，显

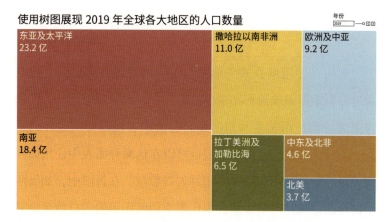

图 4.20　使用树图展现的世界各地区的人口数量

示不出其优点所在。只有展现有层次结构的数据（分层数据），树图才能熠熠生辉，散发出迷人的魅力。

这里的"层次结构"指的是"由人或物层层叠加组成的结构"。展现分层数据时，常常使用带分支和叶子的树结构，比如显示计算机硬盘上的文件夹和文件。1990 年，在马里兰大学人机交互实验室工作时，本·施奈德曼（Ben Shneiderman）恰好想制作这样一个图表，于是就有了树图。

前面我们使用的世界人口数据集就是多层次结构的数据：世界被划分成若干地区，这些地区又被划分成若干国家及地区。我们使用树形结构来表示世界人口数据集，如图 4.21 所示。

掌握了数据集中的层次结构关系，我们把代表各个地区的大矩形继续划分成多个小矩形，每个小矩形代表数据集中的一个国家或地区，这样可以在树图中添加更多细节。通过这种

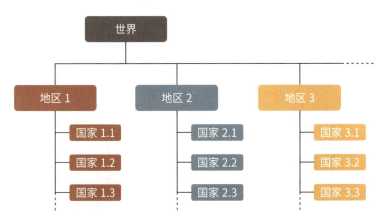

图 4.21　世界人口数据集中的分层结构

方式，我们就可以把 217 个国家及地区全部放入树图中，当然有些国家或地区实在太小，在图表中其实看不见。图 4.22 中的树图展现了世界各大地区和国家及地区的人口数量。

在图 4.22 的树图中，我们可以看到各个大矩形（代表各大地区）之间的白色分界线要比大矩形内部的小矩形（代表国家）之间的白色分界线粗得多。这就是我们常说的"嵌套"（nesting）。

有些树图中存在很多小矩形，尺寸小到无法在其中放入标签。观看这样的树图时，最好在显示器中进行，这样我们就可以给这些小矩形添加"工具提示"功能，当把鼠标移动到这些小矩形上或者用手指点击时，相应的工具提示就会弹出。

见图例（位于图表底部）所示，代表不同地区的矩形使用不同颜色着色，在视觉上使得各个区域的划分更加鲜明、醒

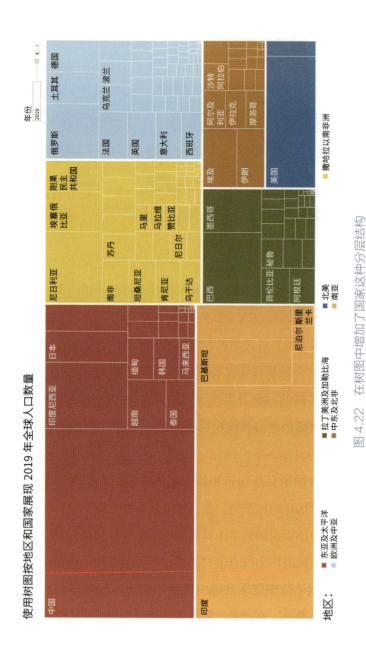

使用树图按地区和国家展现 2019 年全球人口数量

图 4.22　在树图中增加了国家这种分层结构

目。在树图中，还有另外一种使用颜色的方式。上面使用不同
颜色来区分不同地区，这里，我们可以使用颜色饱和度的强弱
来表示各个国家及地区人口的数量。但这是一种冗余编码方
式，因为各个国家及地区人口的多少首先是用矩形面积的大
小来展现的。在图 4.23 所示的树图中，中国和印度的人口数
量多，所以代表这两个国家的矩形面积很大，同时这两个矩形
的蓝色饱和度也比其他国家高得多。图表底部有一个图例，指
出颜色饱和度的强弱代表着人口数量的多少。

不过，树图的一个非常强大的应用是使用不同定量变量
来编码颜色，而非把颜色当作一种冗余的编码手段。例如，在
比较人口规模和预期寿命时，我们先使用矩形面积大小表示人
口数量的多少，然后再根据预期寿命使用不同颜色（色相与饱
和度）对各个矩形进行着色。在图 4.24 所示的树图中，我们
使用的是 2017 年世界人口和预期寿命的数据，你可以在其官
方网站上找到它。

树图底部有一个图例，它是一个从橙色到蓝色的渐变颜
色条，代表预期寿命的长短。这种渐变颜色条也叫"趋异颜
色图"，因为它在颜色带上从一种颜色逐渐变成了另外一种完
全不同的颜色。预期寿命最短的国家填充的是饱和度最高的橙
色，预期寿命最长的国家填充的是饱和度最高的蓝色。

当存在一个有意义的中间点用作从一种色调到另一种色
调的区分标志时，这种颜色编码的效果最好。上面例子中，当

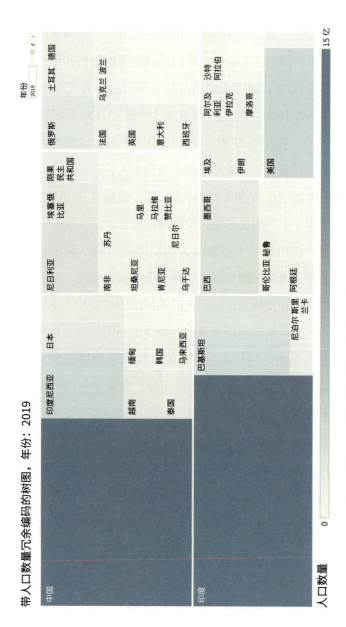

图 4.23　使用颜色饱和度对人口数量进行冗余编码的树图

展现 2017 年世界各国及地区人口数量（矩形大小）和预期寿命（颜色）的树图

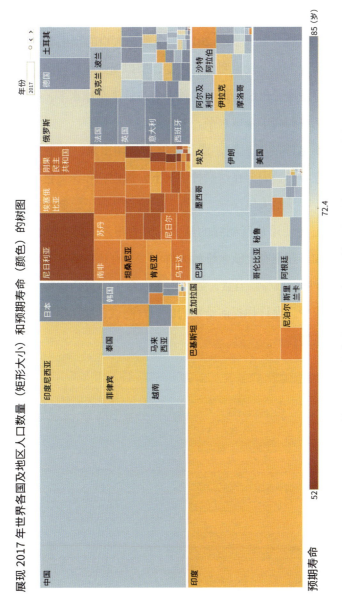

图 4.24　使用面积和颜色编码世界各国及地区人口数量和预期寿命

135

预期寿命为 72.4 岁时，颜色从橙色变成了蓝色。根据世界银行提供的数据，72.4 岁是 2017 年全球总人口的预期寿命。因为颜色在这个点上发生明显的转变，所以通过查看树图，我们可以很容易地看出哪些地区的预期寿命低于全球水平，哪些地区的预期寿命高于全球水平。

观看这样的图表时，请不要把它打印出来，也不要以黑白方式查看它，因为在这两种情况下，深橙色和深蓝色看起来差不多，容易给人以误导。此外，在许多情况下，制作图表时请尽量避免使用从红到绿的渐变，因为很多人患有红绿色盲症，比如，在拥有北欧血统的人群中，患有该疾病的男性多达 8%，女性有 0.5%。当然，如果图表观众中不包括这些人，或者观众很少，允许你提前给他们做色盲测试，那你尽可以忽略上面这条警告。

第 **5** 章

看变化趋势

"我们认为时间在空间中沿着一条线变化。"

——芭芭拉·特沃斯基

前面所有图表展现的都是某一个时间段的数据，注意只是一个时间段。例如，前面的点图、条形图、饼图展现的2019 年世界各大地区的人口数量或 2017 年人口预期寿命。再看一下这些图表，你是否能弄清它们与时间的关系？

图 5.1 显示了同一个时间段（2019 年）各个地区（或国家）的人口数据，但都没有告诉我们人口数量是如何随时间变化的。近年来，人口数量是在上升、下降还是保持稳定？这个问题无法回答，因为图表只展现了 2019 年这一年的人口数据，就像是在漫长的时间长河中只截取了一个瞬间。

● 5.1 把时间映射到空间

即便是一张照片，也能让人清晰地感受到时间的变化和运动。请看下面一张照片，照片截取的是马特和他的狗狗（亨利八世）玩飞盘的一个瞬间（图 5.2）。我们一起看看你的大脑是如何根据这一瞬间来回忆过去和预测未来的。

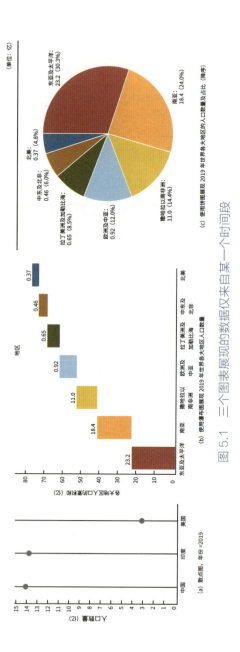

图 5.1 三个图表展现的数据仅来自某一个时间段

图 5.2　马特和他的狗狗（亨利八世）在一起玩飞盘

图片来源：萨曼莎·琼斯

　　这张照片拍摄前的一瞬间发生了什么，之后又发生了什么？只要你没得心盲症（这是一种精神疾病，其特征是无法在脑海中形成图像），你就能想象出这张照片前后的两个画面，见图 5.3所示，左侧照片是前一个瞬间，右侧照片是后一个瞬间。

图 5.3　照片可以暗示过去，也可以暗示未来

　　但是，一张展现某一年人口数量或者某一季度（月份）各地区销售额的条形图是无法做到这一点的。前面我们已经介绍过多种图表，但从这些图表中，我们无法判断出某个数量处

于什么水平，以及将来如何变化。

要想了解当前情况，我们必须搞清楚过去发生了什么，这样我们才能对它有一个全面的了解。在我们的世界里，没有什么是完全静止的。古希腊哲学家赫拉克利特（Heraclitus）有一句名言："一切都在变化，没有什么是一成不变的。"关于这一点，他还说过另外一句更加经典的名言："人不能两次踏入同一条河流。"

当你踏进河流的一瞬间，河流就变了，再也不是原来的那条河了。数据就像一条河。一旦我们收集数据，它所在的宇宙就变了，然后马上又会发生变化。

搞清楚事情的来龙去脉（包括当前什么样，以前什么样，以及以后什么样）是我们得以在这颗蓝色星球上驾驭时间的最核心的能力。正因如此，数据图表往往都会把时间作为一个极其重要的变量纳入其中。为了把已经发生的变化展现出来，我们往往会在图表中把时间映射成空间或位置。你有没有注意到，在前面的叙述中我们大量使用了"哪里"（where）这个词来描述一个时间点。

在你的脑海中，你是如何想象时间的变化的？见图5.4，在不同层次级别上，我们对时间的印象可能不一样：一天几个小时，一周几天，一年几个月。如果你会看钟表的机械表盘（12小时制），那么当时针指向数字6，分针指向数字12时，你就知道当前时间是6点整。我们知道，9点钟的时候，时针会移动到另外一个地方，指向表盘左侧的数字 9，此时时针走了 270° （与 12 点钟位置的夹角）。通过这种方式，我们就在表盘上把时间和空间位置对应了起来，使用同一个极坐标系中的不同位置来表示小时、分钟、秒。

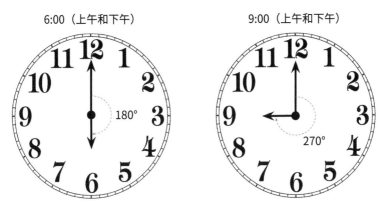

图 5.4　标准表盘把时间映射成极坐标空间中的位置

　　一年是如何划分季节和月份的呢？现在是几月，想一想你当前所在的月份，它在你的脑海中是什么样子呢？有没有什么图形浮现在你眼前？

　　想一想未来的某个时候，比如 6 个月后，相对于你现在所处的位置，你觉得它在什么位置？它在你面前、在你上方，还是在其他什么地方？你有没有看到日历在一页页地飞快翻着？在你脑海里，你是走在一条直线上，还是在一条回环赛道（1月—12 月）上？是在螺旋式上升还是下降？这些都是时间对空间的映射，我们每个人对时间和空间的映射方式不尽相同。

　　下面再给出一个脑力练习，让你了解自己是怎么感知时间的。如图 5.5，想象有一张正方形的纸和三张小的圆形贴纸。第一张贴纸贴在正方形纸张的正中央，告诉你它代表"午餐"。然后，请你把另外两张贴纸贴到正方形纸张上，你想贴哪儿就贴哪儿。在剩余的两张贴纸中，一张代表"早餐"，另一张代表"晚餐"。你会把它们贴在哪里呢？

图 5.5　从时间到空间的映射练习：贴代表早餐和晚餐的贴纸

　　研究人员特沃斯基（Tversky）、库格麦斯（Kugelmass）和温特（Winter）在 1991 年的实验中向具有不同背景的儿童、成年人提出了这个问题。[①] 他们想知道参与者会如何把时间映

---

① 　特沃斯基等人，"图形制作中的跨文化和发展趋势"，《认知心理学》23(1991)：515‑557。

射到纸张的空间中。许多人按照一天中吃饭的顺序从左到右贴贴纸，但并不是所有人都会按这个顺序贴。

根据实验结果，研究人员得出结论："说英语的人大多数习惯从左到右贴，说阿拉伯语的人大多数习惯从右到左贴，说希伯来语的人介于两者之间"。众所周知，英语是一种从左到右书写的语言；阿拉伯语相反，是从右向左书写（见图5.6）。有趣的是，希伯来语的单词是从右向左书写的，而数字却是从左向右书写的。

英语	Time flies over us... ⟶
阿拉伯语	⟵ ... الوقت يمر فوقنا
希伯来语	⟵ ... הזמן עף עלינו

图 5.6 三种语言的书写顺序（纳撒尼尔·霍桑的一句话）

因此，如果英语是你的母语，那么你很可能会把早餐贴纸贴到午餐贴纸的左边，把晚餐贴纸贴到它的右边，且沿着水平线方向贴。你有没有注意到，图 5.3 中照片的顺序正是从左到右的？也就是说，描述前一个场景的照片在左边，描述后一个场景的照片在右边。

但是，每张照片中运动的方向（飞盘飞行和亨利八世跳跃的方向）却都是从右向左的。我们把图 5.3 中的每张照片沿水平方向翻转一下，但是三张照片原来的排列顺序保持不变，这对说英语的人来说会更自然，如图 5.7 所示。在图 5.7 中，三张照片的前后顺序和每张照片中的运动方向都是从左到右的，这与阅读顺序是一致的。

图 5.7　沿水平方向翻转每张照片

这些知识对于我们观察数据随时间变化的方式有什么影响？如果你的母语是从左到右的语言，如意大利语、西班牙语或英语，那么对你来说最自然的时间表现方式很可能就是沿着水平线从左到右前进。图表使用这种约定表现时间在你看来就是符合"可表达性"准则的，至少在表现时间时是这样的。但是需要注意的是，具有其他文化背景的读者可能不这样看。

接下来的内容中，我们会重点关注图表中从左到右的时间展现方向，尽管这种约定并不是完全通用的。

5.2 折线图

对许多图表观众来说，从左到右指的是时间前进的方向。

但是在这一点上，所有图形标记都是一样的吗，还是说有些图形标记在展现随时间变化的趋势方面的表现力会更强？斯坦福大学的研究人员研究了人们对条形图与折线图含义的解释方式，发现人们有种强烈倾向，偏向于用条形图来展现不连续的数据（例如，"A 比 B 高"），用折线图来展现有趋势的数据（例如，"X 从 A 增加到 B"）[①]。

条形图和折线图的这种差异意味着什么？请你回头看一下前面用来展现三个国家人口数量的条形图，将其与展现同样数据的折线图（用直线把各个数据点连接在一起）做一下比较，如图5.8所示。看着折线图，假设时间方向是从左到右的，那你的大脑会告诉你有东西正沿着向下的倾斜线下降或减少。而在条形图中，只有三个高低不同的矩形可供相互比较。这些矩形展现连续性的方式不完全一样。这并不是说我们不能用条形图来展现某个随时间变化的量。但相比之下，折线图在表现随时间变化的趋势时更具优势，效率更高。

此外，研究人员还发现，人们习惯使用横轴表示时间，纵轴表示数值，也就是说，在纵轴上的位置越高，其对应的数值就越大（或质量越高）。特沃斯基等人发现，"一般来说，更多、更好、好与向上、高、顶有关联，更少、更差、坏与低、

①　扎克斯、J. 特沃斯基，《条形图与折线图：图形传播研究》，Mem Cogn 27，1073－1079 (1999)。

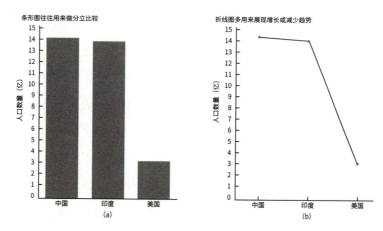

图 5.8　条形图（左）展现非连续性比较，折线图（右）展现变化趋势

下、底有关联"[1]。

一个人在映射时间和位置时会受到其所使用的书面语言的影响，但"越高越好"似乎是一个普遍的共识，而且不受任何语言或文化的影响。这是有道理的，比如，我们每个人都认为，克服重力爬山是有力量和有活力的象征。向上就是向好。

图 5.9 是一个典型的折线图，从左到右（x 轴，水平位置）是时间前进的方向，从下往上（y 轴，垂直位置）代表着数值增加。

---

[1]　特沃斯基等人，"图形制作中的跨文化和发展趋势"，《认知心理学》23(1991)。

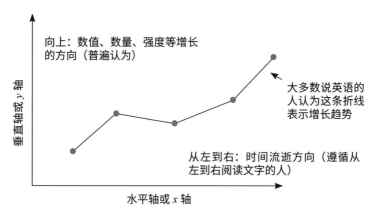

图 5.9　折线图展示了英语使用者的共同习惯

这就引出了下面两条识读图表的技巧。

提示 #6：如果图表中展现了某个随时间变化的趋势，请一定要明确时间前进的方向。它可能是从左到右的，也可能不是。

提示 #7：如果图表中展现了某个数值或价值，确定一下哪个方向对应的是"更多""更好""更高"。它有时是自下而上，有时不是。

带着这些技巧，我们一起回到 1786 年，看一看威廉·普莱费尔发明的折线图。事实证明，普莱费尔发明的折线图确实遵循了这些习惯。你还记得吗？前面第 3 章中我们出示过一个展现苏格兰进出口情况的条形图。《商业与政治图解集》一书中共有 44 个图表，其中只有这么一个条形图，这多少有点让人意外。其余 43 个图表都是折线图，图 5.10 就是其中一个。

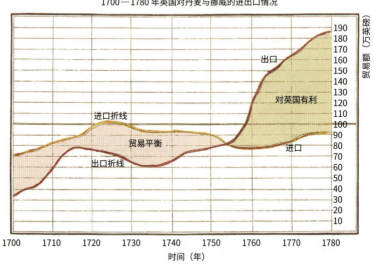

图 5.10 威廉·普莱费尔绘制的折线图

为什么普莱费尔在他的书中只用了一个条形图呢？答案很简单：因为他只有苏格兰一年的进出口数据。而对于其他国家，他有多年的进出口数据，因此他能用折线图把这些国家进出口的发展趋势表现出来。对于苏格兰（他的出生地），他只能用一张图表展现苏格兰一年的进出口情况，于是就有了条形图。这正应了一句俗话："需要乃发明之母。"

相比于折线图，普莱费尔对条形图的缺点做了如下总结：

"这种图表（条形图）……不包含时间因素，而且在实用性上要比那些包含时间的图表差很多。"

如果展现变化趋势的图表很有用，那么我们可以自己创建一个简单的图表来展现某个随时间变化的趋势，而且停下来认真考虑一下图表的线条。我们先从一个点开始，它的垂直位置代表的是 2019 年世界人口数量（约是 76.6 亿）。根据这个思路，1960 年以来每年的人口数量都用一个点表示，我们得到如下点图（见图 5.11）。

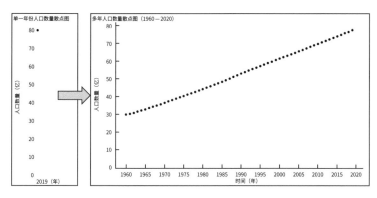

图 5.11　两个点图：左边是 2019 年的世界人口数量，右边是 60 年来的世界人口数量

我们如何把这些点连接起来呢？我们需要把它们连接起来吗？似乎是的。我们可以看出，在过去的 60 年中，世界人口每年都在以相当稳定的速度增长。如果愿意，我们可以保留点图，或者我们也可以运用这样一个事实，即在我们的大脑看来，连接线表示从一个点到下一个点存在某种关系或趋势。图 5.12 中展示了 4 种在点图中添加连接线的方法。

使用第一种连线方法会得到前面提到过的棒棒糖图。这

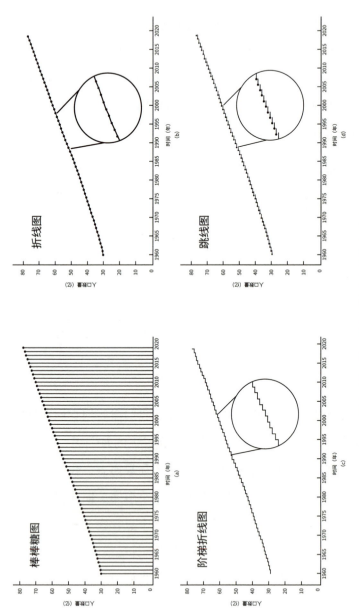

图 5.12　用不同类型的线条连接各个点

种连线方法其实并没有把各个数据点连接起来，只是经过各个数据点向 x 轴做了一条条垂线。第二种连线方法最简单，只要用一条直线把相邻的两个数据点连接起来即可。使用第二种连线方法，最终会得到一个基本折线图。

接下来的两种连线方法（阶梯折线图和跳线图）看上去有点奇怪。相比于基本折线图，阶梯折线图和跳线图不常见。使用阶梯线连接数据点时，先从前一个数据点开始沿水平方向向右绘制直线，当与后一个数据点平齐时，转而沿着竖直方向向上或向下绘制直线，并在到达第二个数据点时停止绘制。使用跳线连接数据点时，所用的方法与阶梯线类似，只是在到达与后一个数据点平齐的位置后停止绘制，然后直接跳到第二个数据点继续向右绘制直线。

展现世界人口变化的趋势时，使用上面哪种连线方法更适合呢？虽然世界人口数据每年只收集一次，但我们可以推断，世界人口每时每刻都在不断发生变化，有一些人死亡，有一些人出生。两个相邻年份之间数据点的真实连线可能不是一条完美的直线，但也差不多。因此，我们完全可以用一条直线把各个数据点连接在一起，形成一个基本的折线图，如图 5.12（b）所示。

那什么情况下适合使用阶梯折线或跳线连接各个数据点呢？当图表中的数据点在一段时间内比较稳定，然后在某个瞬间突然发生了变化，这种情况就非常适合使用阶梯折线或跳线连接各个数据点。例如，使用阶梯折线图能够很好地把美国百年间邮资的变化趋势展现出来，如图 5.13（a）所示。

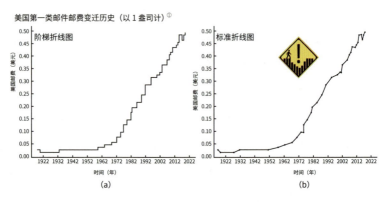

图 5.13　美国百年间邮资变化趋势

　　美国百年间的邮资并不是逐渐缓慢变化的，所以不适合使用基本折线图来展现其变化趋势，如图 5.13（b）所示。一般来说，邮资在一段时间内是相对稳定的，然后某一天邮局开门营业，邮资突然变成了另一个价格，这个新的价格会继续维持一段时间。新邮资会在将来一段时间内保持不变，然后在某一天再次发生阶梯式突变。因此，用一条直线连接各个数据点的做法会造成混乱，给人以误导，而且在技术上也是不准确的。使用标准折线图展现邮资变化趋势违反了"可表达性"准则，因为邮资其实并不是从一个价格逐渐变化到另一个价格的。

①　1 盎司 =28.35 克。——编者注

　　类似地，世界纪录的变化也是突变式的，先是由某个运动员或表演者在某个时刻创造，保持一段时间，然后在某个时间点被其他人打破，旧世界纪录突然被新的世界纪录取代。因此，展现男子 1 英里[①]跑世界纪录的变化趋势时，最好使用跳线图，如图 5.14 所示。这种情况下，使用标准折线图很容易给人以误导，因为世界纪录并不是从一个纪录逐渐变到另一个纪录，而是从一个纪录突然（一下子）变到另一个纪录。

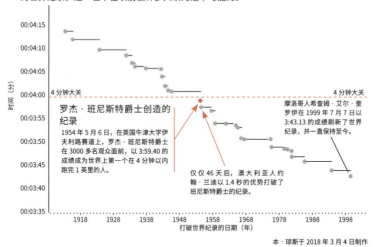

图 5.14　使用跳线图展现男子 1 英里跑世界纪录的变化趋势

---

①　1 英里 =1609.344 米。——编者注

请注意，虽然两个图表都遵循了"时间从左到右前进"的惯例，但在展现男子 1 英里跑世界纪录的跳线图中，却不是"越往上越好"，这显然不符合日常经验。运动员跑得越来越快，他们完成 1 英里跑的用时越来越少，世界纪录不断刷新，新世界纪录总是位于上一个世界纪录下方，短横线代表某个世界纪录的保持时间。在展现世界纪录的图表中，若想表达"越往上成绩越好"（用时越短），则可以在图表中绘制 1 英里内的平均奔跑速度，奔跑速度越快，跑完 1 英里的用时越短。

仔细观察图 5.14，你还会发现一个细节。y 轴的起点不是 0 分 0 秒，这里是 3 分 35 秒，选得较为随意。正因如此，图表底部的 x 轴画的是一条虚线，而非一条实线。x 轴上只有几个刻度线，用来代表不同的年份，从左到右依次增大。这是因为图表的基线或底线并不表示时间的绝对零点，或者发令枪响比赛开始的那一刻。

为什么这样？y 轴不是应该从零开始吗？前面讲条形图时，我们已经谈过这个问题。同样的经验法则是否适用于折线图？通常如此，但可以肯定地说，实践中，折线图往往比条形图更容易打破规则。当然，一个人不可能在 0 分 0 秒内跑完 1 英里，所以世界纪录不可能一直往下碰到零点（0 分 0 秒），这在物理上是不可能的。比较两个跳线图（图 5.14 与图 5.15），在图 5.15 的跳线图中，y 轴是从 0 点（00:00:00）开始的。

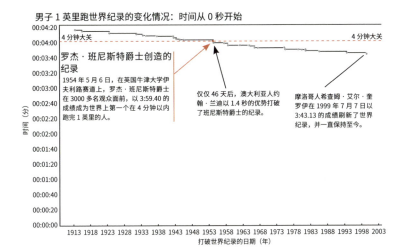

图 5.15　*y* 轴从 00:00:00 开始的跳线图

从图 5.15 中，我们能清晰地了解世界纪录每次刷新跳跃的真实幅度，但是很难观察每个单独的变化，尤其是当世界纪录在一个相对短的时间内被多次打破时，观察的难度会更大。

因此，不管图表制作者还是图表阅读者都必须认真考虑，在这些不同图表之间做权衡。前面我们说过，没什么图表适用于所有情况，选用某个图表之前最好先认真评估一下，看看哪个图表能回答那些对我们来说最重要的问题。

但在评判一个图表是否适用之前，我们不能总是依赖那些早已存在的问题。有时，图表在回答我们的问题时会给出一个具有误导性的答案，而且我们可能察觉不到这一点。还有些时候，图表可能无法提醒我们注意一些之前从未遇到过的问题，而这些问题可能比我们最初想到的问题重要得多。

为了阐明这一点，我们说一说纽约鼠患目击事件数据集。纽约市民可以打电话给相关部门报告看到老鼠的情况，这些情况都会被记录到一个电子表格中，最后汇总发布到纽约市的开放数据门户网站中。每次通话都有独一无二的时间戳，这意味着我们可以统计各个时间段或汇总区段内呼叫相关部门的电话数量。

相关部门在某个小时、某一天、某一周、某一月或某一年内收到多少个来电？在过去 10 年的大部分时间里，老鼠目击事件的变化趋势如何？图 5.16 中有 4 个折线图，展现了近 10 年纽约市民对鼠患的投诉情况。请问，这 4 个图表中哪个图表最能展现纽约市民的鼠患投诉趋势？

这个问题虽然不容易回答，但我们可以比较每个图表的优缺点。在图 5.16 左上角的第一个图表中，数据是按年展现的，有助于我们比较年度增长。从图表中，我们可以轻松看到，从 2013 年到 2017 年，投诉数量一直增加，而在 2017 年之后投诉数量一路下降。不过，有一点需要警惕：2019 年的断崖式下跌具有误导性，因为用于制作图表的数据止于 2019 年 6 月底。因此，代表 2019 年的点只包含了半年的数据，而代表其他年份的点则包含了一整年（12 个月）的数据。我们有一个问题，希望通过图表来获得答案，但答案却是错的。

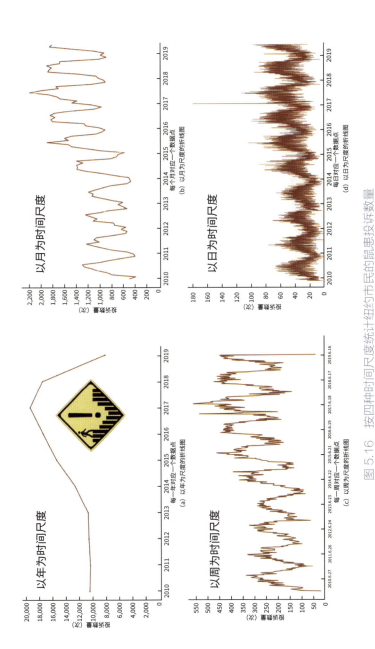

图 5.16 按四种时间尺度统计纽约市民的鼠患投诉数量

这就引出了如下一个图表识读技巧。

提示 #8：当图表中显示的数据按时间段划分时，请核实这些时间段是否都是完整的，有些时间段可能只是一部分。

在按月展现投诉数量的折线图中（图 5.16 右上），表现出了很强的季节性，这是一个全新的模式。根据图表所示，夏季鼠患的投诉数量好像远高于冬季。在按年显示投诉数量的折线图（图 5.16 左上）中，我们完全看不到这个模式，因为分组的数据不够。也就是说，如果把每年 12 个月份都归并到一个数据点中，我们将看不到哪些月份的数量更多。

在按周展现投诉数量的折线图（图 5.16 左下）中，折线上出现了许多噪点，同时在折线末端出现了一个容易误导人的下降。这是因为 2019 年 6 月 30 日（图表中有数据的最后一天）恰好是周日。不论是谁制作了这个图表，在他的意识里都认为，周日是一周的第一天，周六是一周的最后一天。这样一来，折线图中的最后一周就只包含七天中的某一天了。折线的另一端（即从 2010 年 1 月 1 日开始的那一周）只包括两个完整的投诉日，所以折线上的第一个点很低，容易使人产生误解。

图 5.16 右下最后一个折线图是按日统计的，看起来似乎也有很多噪点，因为按日统计的投诉数量会有很大差异。尽管如此，从纷繁的噪点中，我们仍能明显地察觉到投诉具有很强的季节性，另外还有一个有趣的发现：2017 年 2 月 15 日这一

天的投诉数量十分反常，与其他日子形成鲜明对比。之前我们可能没有想到过某一天的投诉数量（异常值）会远高于其他任何一天，而且其他折线图也没有告诉我们数据中存在这样一个异常值。

这就引出了如下一个图表识读技巧。

提示 #9：想一想，从图表中，我们又发现了一些什么新问题，以及回答这些问题还需要哪些信息。

另外还要注意的一点是，图表本身虽然告诉我们数据中存在一个异常值，但并没有指出出现这个异常值的原因。要回答这些新问题，我们往往需要进一步获取更多数据，或者收集更多信息。就本例而言，要找到异常值出现的原因，我们可以问问投诉中心的接话员是否记得那天发生了什么，或者查阅一下当天的通话记录。其实，只要在相关搜索引擎中输入"2017年 2 月 15 日纽约老鼠目击事件"，就能找到回答这个问题的一些线索。

◉ 5.3 多条折线

到目前为止，我们见到的折线图中只包含一条折线（不算普莱费尔制作的折线图），用来代表单个系列。从技术上说，跳线图中包含很多条线，但这些线实际上是同一个系列的不同区段。条形图中往往不会只有一个矩形条，同样折线图中也往往会包含多条折线。对于数据集中的某个分类变量，我们可以使用不同的折线表示不同的分类（级别），这样我们就得到了一个包含多条折线的折线图。在包含多条折线的折线图中，我们可以轻松地观察到不同项或群组是如何随时间变化的。

回到全球人口数据集，全球有七大地区，我们把每个地区人口数量随时间的变化情况分别用一条折线来展现，如图 5.17 所示。

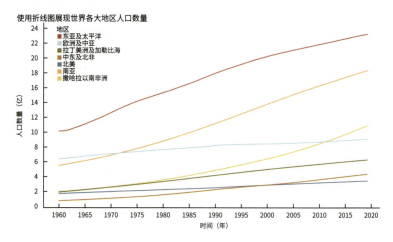

图 5.17　折线图中包含多条折线（每条折线各表示一个地区的人口数量变化情况）

从图 5.17，我们可以发现有趣的一点：虽然从 1960 年开始，世界人口总体增长呈现出一条近乎完美的直线，但在同一时期，各个地区人口的变化却有很大不同。从图中可以清晰地看到，东亚及太平洋地区的人口最多，南亚次之。

我们还可以看到，南亚人口数量在 20 世纪 70 年代初期就超过了欧洲和中亚，占据了世界第二的位置。我们也可以看到，撒哈拉以南非洲地区的人口数量最近也超过了欧洲及中亚，而且近年来人口的增长速度似乎比其他地区更快。

如果你希望深入考察每个地区人口数量变化的相对规模，可以使用图 5.18 中的折线图。

在图 5.18（a）中，我们可以看到世界各大地区的人口数量相对于 1960 年的变化情况。自 1960 年以来，东亚及太平洋地区的绝对人口数量增长最快，其各国及地区新增人口数量总和超过 13 亿。

在图 5.18（b）中，人口数量变化折线图向我们展示了每个地区的人口数量相对于上一年的变化情况。每年的人口数量减去前一年的人口数量，得到的差值就是折线上的数字。

例如，代表东亚及太平洋地区人口数量的红线在 2000 年的数值大约为 0.19 亿，因为该地区的人口从 1999 年的 20.06 亿增加到 2000 年的 20.25 亿，增加了 0.19 亿。图 5.18 中的图表揭示了一些有趣的趋势和其他图表中看不到的现象，比如 1990 年浅蓝色折线（展现欧洲及中亚人口变化情况）上出现一个尖峰，这是由于塞尔维亚成为独立国家。在图 5.18 中的图表中，还清楚地表明：过去几年里，撒哈拉以南非洲地区的人口增长绝对数量最大。

除了比较各地区人口数量的绝对变化（不同年份间的人

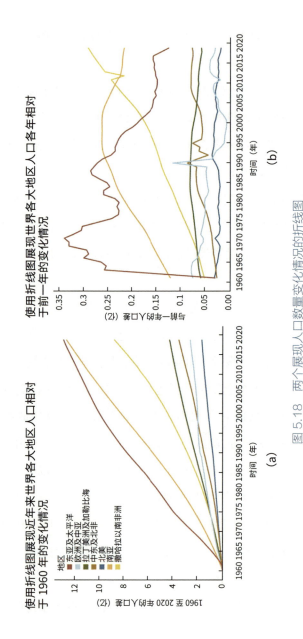

图 5.18 两个展现人口数量变化情况的折线图

口差异）外，我们还可以通过百分比的变化来比较各地区人口
的相对变化，如图 5.19 所示。

图 5.19（a）显示了各地区相对于 1960 年的人口数量百分
比的变化，图 5.19（b）显示了各地区相对于前一年的人口数
量百分比变化。图 5.19（a）折线图显示，自 1960 年以来，撒
哈拉以南非洲、中东及北非地区的人口相对增长最快，分别为
+385.5% 和 +334.1%。请注意，增加 100% 相当于数量翻倍，
增加 +200% 相当于涨到原来的 3 倍，以此类推。

图 5.19（b）百分比变化折线图显示，虽然大多数地区人
口数量同比百分比有所下降，但撒哈拉以南非洲每年都保持接
近 +3% 的增长，只有 2012 年例外，这是因为当时厄立特里亚
的公民正大规模地流向欧洲。

这些折线图中的每一个都从不同的角度向我们展示了世
界七大地区的人口数量随时间变化的情况。这些折线图各有其
用处，没有哪一个比哪一个更好这一说。通常来说，借助不同
图表或具有不同配置的相同图表从多个角度观察数据是很有
用的。

这就引出了如下一个图表识读技巧。

提示 #10：通过图表了解某个主题时，多尝试使用不同
的编码和排列方式来观看同一个数量和类别。

在同一个图表中观看七条具有不同颜色的折线，只要这
些折线重叠得不是太严重，我们就能轻松地把它区分开来。

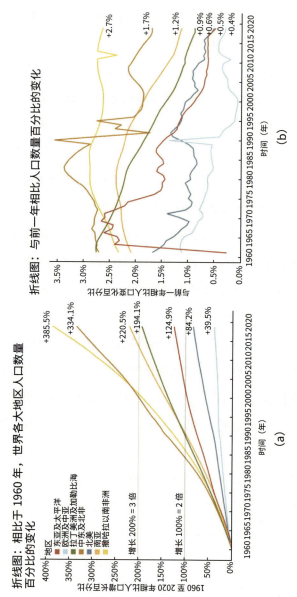

图 5.19 相比于 1960 年人口数量百分比变化的折线图

大多数情况下，我们都能看清图表中的每条折线，如果各条折线的颜色区别明显，我们也能轻松地把它们区分开来，而且还可以从图表中学习到很多东西。

但是，有时我们会遇到一些包含几十条甚至几百条折线的图表。图 5.20 中的折线图展现的是多个国家的人口数量在多年间的变化情况。

在图 5.20 的折线图中，我们可以清楚地看到表示中国、印度、美国、印度尼西亚的折线。它们是世界上人口最多的四个国家。但除了这四个国家外，代表其他国家人口数量的折线都不太容易分辨出来。那些折线密密麻麻地重叠在一起，就像散落在地毯上的木棒堆一样，我们无法通过这样的折线来回答有关这些国家的任何问题。当图表中的折线相互重叠，彼此遮挡时，我们就很难用它来获得任何有价值的信息，以及回答问题。

在这种情况下，我们可以使用凹凸图代替折线图。凹凸图是一种特殊的折线图，用于展示数据排名随时间的变化而非值的变化，见图 5.21 所示。这张图表显示了自 1960 年以来人口最多的 25 个国家的排名变化。

把折线图换成凹凸图需要付出一定代价。凡事必有代价。这里在换成凹凸图后，我们可以清楚地看到这些国家人口排名的变化情况，但却看不出这些国家的实际人口相差多少。你还记得中国和印度的人口在折线图中比其他国家高出多少吗？关

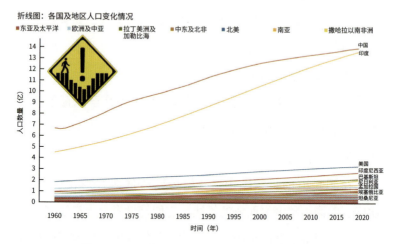

图 5.20　折线图中包含许多条相互遮挡的折线

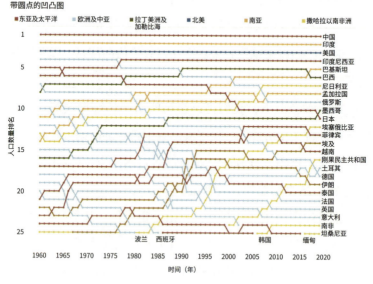

图 5.21　展示排名随时间变化的凹凸图

于这一点的内容在凹凸图中是看不见的。代表印度的折线与美国（排名第三）的折线接近，就像排名第 24 的国家的折线与排名第 25 的国家的折线一样。

◐ 5.4 面积图

回想一下，前面提到的三种基本标记类型：点（零维或0D）、线（1D）和面积（2D）。第四种标记类型是体积（3D），这种标记不太常用，因为我们往往是在屏幕或纸张等二维平面上阅读图表，而在二维平面上，深度和体积是很难判断的。随着科技不断发展，虚拟或增强现实（VR/AR）技术是否会使带有 3D 标记和编码的图表在未来蓬勃兴盛起来，还有待观察。

表现随时间变化的量时，我们一般都会从笛卡尔坐标系（横轴是时间）中的点（0D）开始着手。然后，使用不同方式（直线、阶梯线、跳线）把各个点连接起来形成线（1D）。继续往前推进，把线条与横轴（水平轴）之间的区域填充起来形成一个面积（2D），最终得到如图 5.22（b）所示的面积图。

在这个最简单的版本中，面积图只不过是折线图的一种变形形式。在面积图中，我们关注的不再是折线，而是阴影区域，用以判断世界人口的变化情况。

请注意，y 轴是从零点（人口数为 0）开始的，折线到水平轴的距离与人口数量成正比。这很好，因为阴影区域的高度

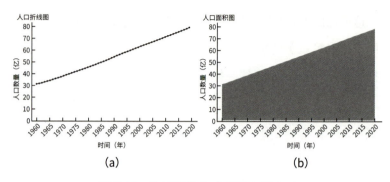

图 5.22　从折线图（a）到面积图（b）

直接与人口数量对应起来了。如果 y 轴的起点是 25 亿，那么阴影区域的高度会很小，这很容易让人产生误解，就像条形图中被截的矩形条会让人对真实的比例产生误解一样。

那么，阴影区域的宽度代表什么呢？人口数量是一个定量变量，可以就一年的人口数量求和，但把不同年份的人口数量加起来并不常见。一个国家一年的人口中包含了许多前一年就已经统计在内的常住人口。例如，把德国去年的人口与今年的人口加起来，得到的总和没有多大意义。这与公司的销售额（数字）不一样，公司销售额会逐年增加，因为随着时间的推移，公司会持续赢利。把公司去年的销售额与今年的销售额加在一起，得到的是一个有意义的数字，因为它可以告诉我们公司过去两年的销售额是多少。

因此，面积图可能不是展现人口数量随时间变化情况的最理想的方式。折线下的阴影区域给人传达了这样一种观念，即可以把多年的人口数量加在一起得到一个有意义的总人口数量，但事实并非如此。

使用面积图的另外一个问题是，在面积图中很难看出不同的面积区域是如何随着时间变化的，尤其是当面积图中包含两个或三个以上的面积区域时更是如此。多个区域重叠在一起，相互遮挡着。即使把这些区域做成半透明的，我们也不一定能完全解决问题。比较图 5.23 左侧的折线图和右侧的面积图，在面积图中，七个完全相同的时间序列用叠在一起的半透明区域表示。在面积图中，我们几乎无法把不同的趋势区分开，尤其是在面积图底部，区分难度更大。

出于这个原因，具有（同一个类别）多个级别的面积图往往会用堆叠区域而不用非堆叠或叠加的区域，类似于使用堆叠式条形图展现人口的样子，见图 5.24 所示。

当然，这仅适用于可以在特定时间段内添加值的情况。人口也是如此，我们可以把特定年份每个地区的人口加在一起，得到当年全世界的人口数量。例如，我们可以把美国的人口和加拿大的人口相加，得到这两个国家的总人口数量。

然而，不可求和的变量（比如预期寿命或毕业率）情况却非如此。把一个国家的预期寿命和另一个国家的预期寿命加在一起，得到的总和没有什么意义。2017 年在美国出生的人的预期寿命为 78.54 岁。同年在加拿大出生的人的预期寿命是 81.95 岁。把这两个值加在一起，得到的和为 160.49，但这个

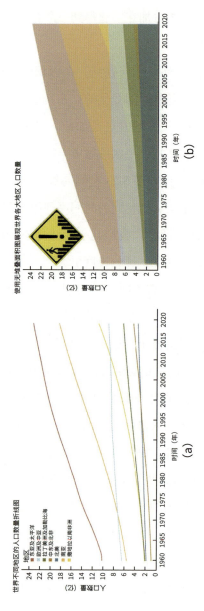

图 5.23　使用折线图（包含多条折线）（a）和面积图（包含多个面积区域）（b）展现相同数据

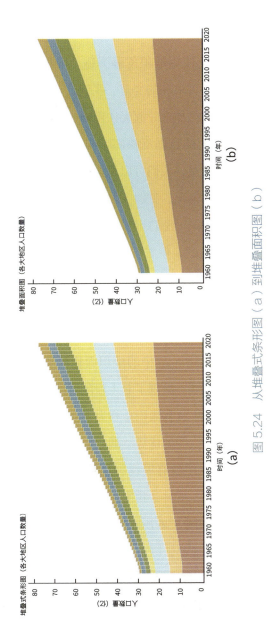

图 5.24 从堆叠式条形图（a）到堆叠面积图（b）

数字没有任何意义。

正因如此，无论使用堆积条形图还是堆积面积图，我们都不希望堆叠这些不可求的变量。我们甚至不希望使用饼图来展现它们，因为它们加在一起无法形成一个有意义的总体。

不过，如果我们的数据反映部分与整体的关系，比如世界不同地区的人口数量，我们可以用堆积面积图来了解每个地区在总人口中的占比情况，见图 5.25（b）。

在图 5.25（b）中，我们可以看到世界人口的相对构成是如何随着时间变化的，但看不出人口总体值是怎么变化的。我们可以看到，与 20 世纪中叶相比，撒哈拉以南非洲地区的人口占世界人口的比例更高了，而欧洲及中亚的情况正好相反。

还要注意的是，图 5.25 中的堆积面积图和总量百分比面积图顶部都有一条黑线，展现了总人口随时间的变化情况，如图 5.25（a），以及每年所有面积总和为 100%，如图 5.25（b）。这是面积图相对于折线图的优势，即它能清楚地展现总数。

上一节中的折线图没有展现出总数，它们中只包含表示各大地区人口的折线。不过，我们可以修改一下折线图，给总数添加一条折线，如图 5.26 所示。这样一来，代表各个地区的折线会集中到图表底部，因此很难比较它们随时间的变化趋势。比较图 5.25（a）含黑色总数折线的折线图和图 5.25（b）含黑色总数折线的堆积面积图，思考哪类问题更容易回答。

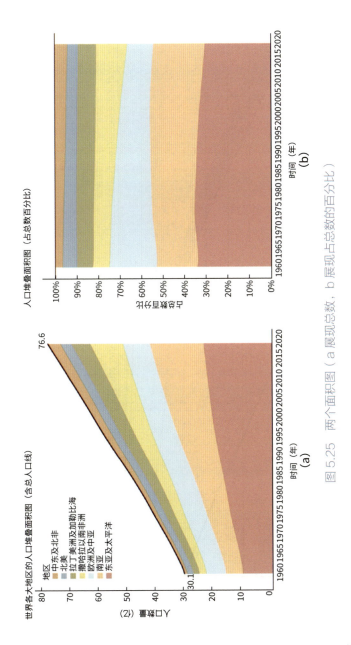

图 5.25 两个面积图（a 展现总数，b 展现占总数的百分比）

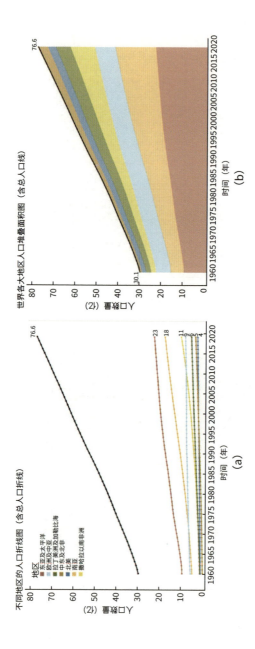

不同地区的人口折线图（含总人口折线）

地区
东亚及太平洋
欧洲及中亚
拉丁美洲及加勒比海
中东及北非
北美
南亚
撒哈拉以南非洲

世界各大地区人口堆叠面积图（含总人口线）

图 5.26　含总数折线的折线图（a）与含总数折线的面积图（b）

176

堆积面积图容易给人以误导，有时它会让观看者错误地认为图中的各个区域是彼此叠加（有重叠）在一起的，而非堆叠（彼此相接但无重叠）在一起。当数据中有很多变化、噪点，或者表现出季节性特征时，上述误解可能会让观看者得出错误的结论。

例如，考察西雅图市的建筑许可申请时，我们可以在图 5.27 的堆积面积图中看到许可申请总数是如何随时间变化的。在图 5.27 所示的面积图中，把所有申请分成七个不同的许可类别（单户 / 复式、商业用途、家庭用途等），每个类别对应的区域使用不同颜色。

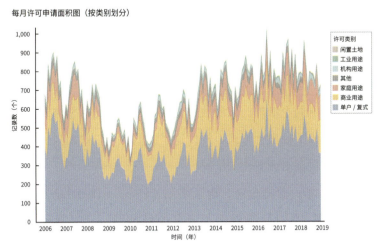

图 5.27　展现西雅图市建筑许可申请季节性特点的堆积面积图

在图表中，整个阴影区域呈现出波浪形状，这表明数据存在某种模式。这种模式就是季节性，它是一种与一年中月份相关的有规律的、可预测的模式。折线的波峰都是夏季月，阴影区域的波谷或凹处都是冬季月。看起来，西雅图市天气暖和时的建筑许可申请要比天气寒冷时更多。

但是，仔细观看图 5.27 中的堆积面积图，你能说出哪些许可类别表现出了很强的季节性特点吗？只有其中一个表现出了季节性，还是每一个都表现出来了？对于这个问题，许多人都会回答说它们每一个都表现出了季节性特征。但是，当对所有区域重新排序，并把代表"单户 / 复式"的蓝色区域放在堆积的顶部而非底部时，我们可以看到只有蓝色类别表现出了季节性，而其他类别根本没有相同的波浪形状，如图 5.28 所示。

到目前为止，我们提到的面积图用的都是笛卡尔坐标系。横轴表示的是时间，从左到右向前推进，纵轴表现的是数量或金额，自下而上增加。前面我们创建饼图把部分与整体的关系从矩形变成了极坐标形式，同样这里我们也可以使用极坐标来展现某个量随时间变化的情况。

1858 年，弗洛伦斯·南丁格尔（Florence Nightingale）就这样做过，当时她绘制出了著名的极地图，又叫鸡冠花图（见图 5.29）。人们亲切地把她称为"提灯天使"，因为在克里米亚战争期间，她作为英国军队的一名护士，经常在晚上提着灯在医院巡视伤员。

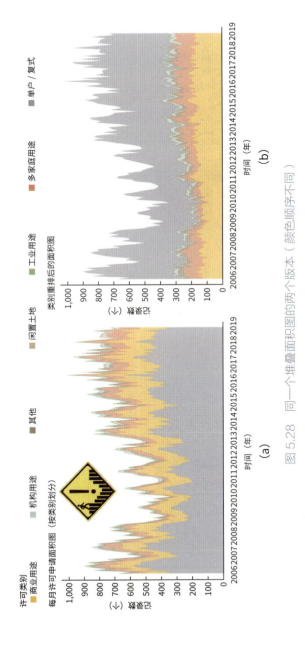

图 5.28　同一个堆叠面积图的两个版本（颜色顺序不同）

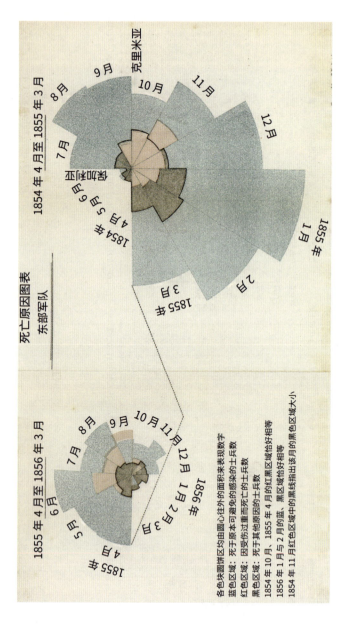

死亡原因图图表

东部军队

克里米亚

1854 年 4 月至 1855 年 3 月

9月

8月

7月

10月

11月

12月

1855年
1月

2月

3月

1855年

1854年5月6月等差

1855 年 4 月至 1856 年 3 月

6月

7月

8月

9月

5月

4月

10月 11月 12月 1月 2月 3月

1856年

1855年

各色块圆块区域均由圆心由往外的面积来表现数字
蓝色区域：死于原本可避免的感染的士兵数
红色区域：因受伤过重而死亡的士兵数
黑色区域：死于其他原因的士兵数
1854 年 10 月、1855 年 4 月的红黑区域恰好相等
1856 年 1 月与 2 月的蓝、黑区域恰好相等
1854 年 11 月红色区域中的黑色线指出该月带色的黑色区域大小

图 5.29　弗洛伦斯·南丁格尔绘制的鸡冠花冠图

180

　　图中的两个极地图分别由 12 个楔子组成。一个楔子对应一年中的一个月份，每个楔子的面积与 1854 年 4 月至 1856 年 3 月期间死于野战医院的英国士兵人数成正比。每个楔子的彩色部分对应于死亡原因，蓝色部分表示可预防的原因，例如疾病；红色部分表示在战斗中受伤；黑色部分表示其他所有原因。

　　请注意，在寒冷的冬季，死亡人数激增主要是由疾病造成的，因为生病和受伤的士兵在医院挤在一起，卫生设施又很差，所以很容易造成这种情况。还要注意，第二年此类死亡人数急剧减少，如左侧较小的图表所示。什么原因导致结果有了这么大的改观？

　　南丁格尔是一名职业护士，也是一名训练有素的统计学家。她收集了这些数据，制作了这些创造性的图表，返回英国后向维多利亚女王提出要在这些野战医院进行彻底的卫生改革。

　　她使用自己制作的图表，展现士兵死亡原因随时间变化的情况，为她的提议展示出了强有力且令人信服的理由，这就是使用数据的意义所在。

◕ 5.5 展现变化趋势的其他方式

　　展现随时间变化的趋势时，我们讲到了折线图、凹凸图、面积图。在表现随时间变化的趋势时，我们也可以使用前面学过的其他图表，把表现不同时间段的同一种图表并排放在一起即可。

　　例如，我们希望比较一下世界各大地区的人口在 1960 年和 2019 年有什么不同，此时我们可以把两个饼图并排放在一起，左边是 1960 年的数据情况，右边是 2019 年的数据情况，见图 5.30 所示。这样，我们就可以看到部分与整体的关系在不同年份之间是怎么变化的了。还要注意，两个饼图的总面积有何不同。饼图的总面积（整个饼图）代表的是全世界的总人口，我们知道，世界总人口在 1960 年是 30 亿，到了 2019 年，增加到 76.46 亿。

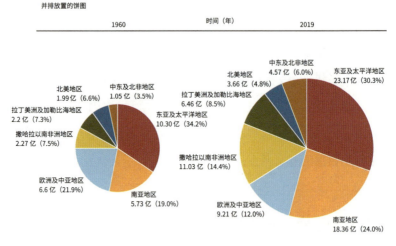

图 5.30　两个并列的饼图展现部分与整体的关系以及随时间的变化

　　展现数据随时间变化趋势的方式还有很多，有些偏重于实用性，比如用于项目跟踪的甘特图；有些侧重于艺术性，比如给人以流畅感觉的蒸汽图。在用于展现随时间变化趋势的方式中，大多数图表使用的也是从左到右的约定，但并不总是如此。

例如，条形图根本没有把时间映射到空间的条件，于是只能将时间映射到时间，让条形图动起来可让观看者真切感受到时间序列是如何进行的。这么做的好处是，能够唤起人们的敬畏之情；缺点是，观众无法同时看见整个时间序列，很难将其用在分析之中。

如你所见，每种类型的图表都有其优点和缺点。

了解我们的环境是如何随着时间的推移而变化的，这是我们每个人都需要掌握的一项重要技能。无论是看股市、天气还是银行账户余额，我们每天几乎都会遇到本书中介绍的各种图表。

第 **6** 章

理解变化

> "变化是生活的调味品，它赋予生活所有的味道。"
>
> ——威廉·柯珀

幸好，我们不是生活在一个平淡无奇、千篇一律的世界里。我们彼此各不相同，我们周围的一切都是多种多样的。许多诗歌都有相关描写。正如本章题词所言，这正是生活的有趣之处。

幸运的是，我们的数据也不例外。在我们统计的数量和收集的测量值所形成的数据集之中，可能包含极其丰富的变化。在一幅并非完全平坦的风景中存在大量高山和山谷。类似地，我们的数据中也包含了高点、低点以及介于两者之间的一切。

我们知道如何看待和欣赏周围世界的不同。我们可以借助眼睛，结合所学的编码知识来观察数据中的数量是如何变化的。找出数据中暗含的"深意"，思考其对周围环境或近或远的影响，是一件令人兴奋的事情。

为了做到这一点，我们不仅需要图表（用于掌握数据的关键方面），还需要了解一些统计量数，用以描述与表达定量变量的两个重要方面：集中趋势和离中趋势。让我们先介绍一下这些量数。

◎ 6.1 集中趋势和离中趋势

前面我们已经详细介绍了如何比较不同分类变量的数量，比如各个地区的人口数量。事实证明，条形图是一种对位置、长度和面积进行编码的有用方法，它为我们提供了三种判断相对数量的方法。另外，我们还介绍了如何使用多种方法把一个总量分解成多个组成部分，比如堆叠式条形图、饼图、树图。

但是，我们还没有讲过单个定量变量（任意测量、计数或多次读取的读数）在给定数据集的不同读数之间是如何变化的。当我们收集某个组中不同项的读数时，在最终得到的数据集中往往包含多个值。有时，一系列读数完全一致，这意味着数据集中包含了完全相同的值。不过，更常见的情况是，单个定量变量所含的值多少有点不一样。多样性是规则，一致性是例外。

即使一系列简单数字中存在这种细微差异，我们自然也会想到如下两个问题：首先，集合中的典型值是什么？其次，这些值之间的差异有多大？

第一个问题涉及所谓的集中趋势。简单地说，集中趋势量数告诉我们一组数值的中心位置在哪里。第二个问题指的是离中趋势或变异性。离中趋势量数有助于我们了解数值的分散程度。

也许你会觉得"统计量数"这些统计学术语很吓人，请不要担心，真的没什么难度。接下来我们一起来学习一下，保证你能牢牢掌握它们。针对集中趋势和离中趋势，我们分别介绍三个主要的量数，即集中趋势的三个量数和离中趋势的三个量数。

我们用下面这个数据集来讲解相关内容，希望你会觉得有趣。首先，我们讲一下相关量数的概念。其次，我们进一步讨论如何使用恰当的图表把它们充分展现出来。

首先，想象有七个人站在一座桥上。他们肩负着一个大胆的使命，一起去探索前人未曾涉足的地方。我们把他们这个小组称为"大桥队"。表 6.1 中列出了每个人的身高。

表 6.1 "大桥队"七名成员的身高表格

姓名	性别	部门	身高（英尺、英寸）	身高（英寸）[①]
帕特里克	男	指挥部	5'10''	70
乔纳森	男	指挥部	6'3''	75
玛丽娜	女	科学 / 医疗部	5'5''	65
丹尼斯	女	业务部	5'8''	68
布伦特	男	业务部	5'11''	71
盖茨	女	科学 / 医疗部	5'8''	68
莱瓦尔	男	业务部	5'7''	67

① 1 英寸 =2.54 厘米，1 英尺 =12 英寸 =30.48 厘米。——编者注

由前面学习的知识可知，我们可以使用条形图（竖直矩形条）展现小组各个成员的身高，还可以使用饼图展现每个部门成员身高占总身高的百分比，见图 6.1 所示。

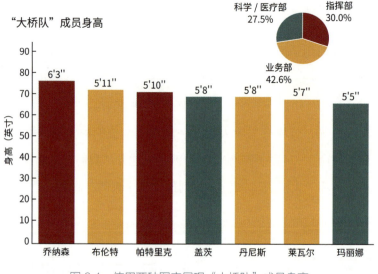

图 6.1　使用两种图表展现"大桥队"成员身高

条形图能够让我们一目了然地了解和比较各个成员的身高，但饼图看起来有点怪，因为我们通常不会这样展现人员身高，而且图中各部分的总和也超过了 100%。一般我们不会把两个人摞起来，虽然从技术上允许把多个人的身高加起来，但这种做法并不常见，往往也没什么用处。我们想知道的是，这个团队中是否存在一个典型身高，以及各位成员与典型身高相差多少。这就是所谓的集中趋势和离中趋势问题。

6.1.1 集中趋势量数

扫一眼表格，我们立马发现，团队中各位成员的身高都不一样。有些人个子矮一些，有些人个子高一些，这没什么可奇怪的。即使团队中只有这七个人，其中是否也存在一个典型的身高呢？我们该如何回答这个问题呢？主要有以下三种方式。这三种方式的英文都以字母 M 开头，很好记。

众数（Mode）：回答上面问题最简单的方法是从所有身高中找出出现次数最多的那个值，即众数。在七个人中，有两个人（丹尼斯和盖茨）的身高都是 5 英尺 8 英寸，即 68 英寸。除此之外，其他身高都只出现了一次，所以所有成员身高的众数是 5 英尺 8 英寸，即 68 英寸。

平均数（Mean）：找数值中心点最常见方法是求算术平均数（简称平均数）。每天我们都会碰到各种各样的平均数，它们无处不在。计算平均数时，我们只需要把集合中的所有数值相加，然后除以数值的总个数即可。把"大桥队"七个成员的身高全部加起来（484 英寸），然后除以 7，得到身高平均数为 69.14 英寸，略大于 5 英尺 9 英寸。

中位数（Median）：寻找数值中心点的另外一个方法是，先对所有数值排序，然后找到最中间的那个数，即中位数。中位数把所有数值分成两部分，其中一半数值比中位数大，另一半数值比中位数小。中位数又叫"第 50 百分位"，因为它居于一组数据的中间位置，比一半数据大，比另一半数据小。按顺序排列"大桥队"七个成员的身高，得到中位数为 68 英寸。

图 6.2 显示了三种寻找数据中心点的方法。请注意，它们并不都是一样的。平均数、中位数和众数是描述集中趋势的三种不同方式，它们很少会给出完全相同的结果。与图表类型一样，没有哪个比另一个更正确这一说。把它们放在一起考察，有助于我们更好地理解所面对的数据。

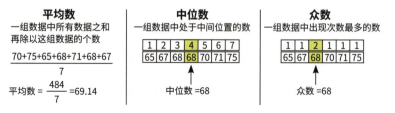

平均数、中位数、众数之间的区别

列出七个人的身高（英寸）

70，75，65，68，71，68，67

平均数
一组数据中所有数据之和再除以这组数据的个数

$$\frac{70+75+65+68+71+68+67}{7}$$

$$平均数 = \frac{484}{7} = 69.14$$

中位数
一组数据中处于中间位置的数

1	2	3	4	5	6	7
65	67	68	68	70	71	75

中位数 = 68

众数
一组数据中出现次数最多的数

1	1	1	2	1	1	1
65	67	68	70	71	75	

众数 = 68

图 6.2　集中趋势的三个量数

看完了集中趋势的三个量数，接下来我们一起看一下离中趋势的几个量数：数据离散程度如何，以及各个数值相差多少。

6.1.2　离中趋势量数

类似于集中趋势，离中趋势也有三个量数。

极差（全距）：度量与描述数据离散程度最简单的方法是

计算极差,即最大值减去最小值所得到的差值。在七个人的身高数据中,身高最大值是 75 英寸,身高最小值是 65 英寸,所以极差为 10 英寸。

方差:σ^2("西格玛平方")或 S^2。方差取决于数据集构成整个总体,还是仅构成总体的一个样本。换句话说,这七个人是团队的全部成员,还是从一个更大的群体中随机选出的?先假设他们在该地区的一艘船上有一个更大的团队,我们将计算样本的方差和标准差。

计算方差一共有五步,每一步都不复杂。看看你能否一步一步地跟上。请参考表 6.2,了解一下每一步都在做什么。

表6.2 计算样本方差

姓名	x(高度)	μ(平均数)	步骤 1 $x-\mu$	步骤 2 $(x-\mu)^2$
帕特里克	70	69.14	70−69.14=0.86	$(0.86)^2$=0.74
乔纳森	75	69.14	75−69.14=5.86	$(5.86)^2$=34.34
玛丽娜	65	69.14	65−69.14=−4.14	$(-4.14)^2$=17.14
丹尼斯	68	69.14	68−69.14=−1.14	$(-1.14)^2$=1.30
布伦特	71	69.14	71−69.14=1.86	$(1.86)^2$=3.46
盖茨	68	69.14	68−69.14=−1.14	$(-1.14)^2$=1.30
莱瓦尔	67	69.14	67−69.14=−2.14	$(-2.14)^2$=4.58

步骤 4:0.74+34.34+17.14+1.30+3.46+1.30+4.58=62.86
步骤 5:62.86/(N−1)=62.86/6=10.48

样本方差 =10.48

第 1 步,计算全体数据的平均数 μ(希腊字母,发音为

"myu")。前面讲集中趋势量数时已经计算出平均数 $\mu=69.14$，将其放入"第一步"一列中。

第 2 步，用每个值 x 减去平均值 μ，即 $x-\mu$。把计算结果放入"第二步"一列中。

第 3 步，把上一步得到的值平方，换言之，让它们自己乘以自己。把计算结果 $(x-\mu)^2$ 放入"第三步"一列中。

第 4 步，把第三步中得到的所有数值相加。这样我们就得到了 62.86，将其写在表格下方"第四步"一行中。

第 5 步，用第四步中得到的数值 62.86 除以数值个数减 1（$7-1 = 6$）。最后我们得到方差为 $62.86 / 6 = 10.48$。

如果你计算的不是样本方差，而是总体方差，那最后一步（第五步）略微有一点不同。也就是，最后我们要除以 N，而非 $N-1$。

所幸的是，做这类计算几乎不需要手工计算。大多数软件能直接帮我们算出方差，在 Excel 中，你可以使用函数 =VAR（first.cell:last.cell）来计算方差。

不过有趣的是，方差不如标准差应用得广泛。接下来，讲标准差。

标准差：σ（"西格玛"）或 S，有时缩写为 SD。标准差广泛应用在统计、商业、制造业等多种场景下。标准差的计算方法很简单，只需要取方差的平方根即可。上面例子中，标准差为 $\sqrt{10.48} = 3.24$。

但是，标准差的意义是什么呢？标准差描述的是数据的离散程度，标准差小代表各个数据与平均数非常接近。相反，标准差大，表示各个数据与平均数之间有较大的差异。

学会了计算这些重要的统计量，我们就可以把它们纳入前面介绍的各种图表中。回到世界银行提供的全球人口数据集，我们可以使用图表（编码通道）把全球各大地区所有国家及地区的平均人口的差异展现出来。

在图 6.3（a）中，矩形条的长度代表的不是各个地区所有国家及地区人口的总和，而是各个地区所有国家及地区人口的平均数。在图 6.3（b）中，我们通过添加三角形或参考线（代表平均数），对展现各大地区人口数的点图做了进一步改善。

这样，我们就在图表中使用数据的平均数而非总和作为汇总方法。类似地，我们同样可以使用中位数或标准差等各种集中趋势和离中趋势的量数来汇总各个数值，并对图表中的视觉通道进行编码。需要回答的重要问题是：哪种统计汇总方法最有用？

这就引出了如下一个识读图表技巧。

提示 #11：思考图表中的数据是如何统计汇总的（总和、平均数、中位数等），该汇总方式是否有助于回答你最关心的问题。

有些统计汇总方法需要非常小心地对待。因为它们并非对所有变量都有效。例如，人的预期寿命。前面我们已经讨论

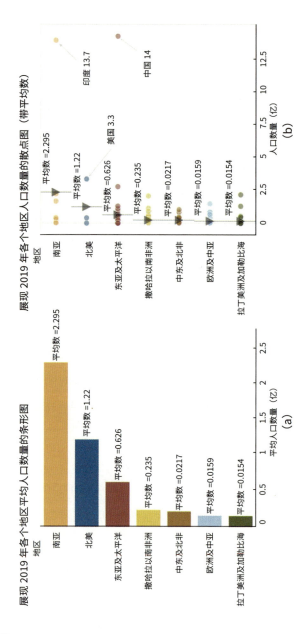

图 6.3 添加了平均数的条形图和点点图（条形图长度、点位置）

过，每个国家在一个指定年份都会有一个预估的预期寿命。也
就是某一年在该国出生的人的预期寿命。上一章中我们已经说
过，把这些数值相加或在图表中堆叠起来是没有意义的，因为
它们是不可求和的。

同样，计算两个或两个以上国家之间的平均预期寿命其
实也没什么意义。为什么这么说？因为这些国家的人口规模可
能存在巨大差异，如果在计算中赋予相同权重，我们会得到一
个有很大偏差的结果。

以中国（2017 年 13.9 亿人，预期寿命 = 76.47 岁）和索
马里（2017 年 1460 万人，预期寿命 = 56.71 岁）为例。那么，
这两个国家的平均预期寿命是多少呢？

若只是简单地取两个值的平均值，则有（76.47 + 56.71）/
2 = 66.59 岁。但这是不合理的，因为中国的人口比索马里多得
多。类似情况下，我们会将加权平均数作为默认的统计汇总方
式，而不用简单的算术平均数。中国人口占这两个国家总人口
的 99%，把中国人口的预期寿命乘以 0.99；索马里人口占两
个国家总人口的 1%，把索马里人口的预期寿命乘以 0.01。最
后把两个计算结果加起来得到了一个加权平均数 76.2 岁，就
是二国总体的平均预期寿命。

6.2 直方图

上一节中讲到的集中趋势量数很有用，但我们更希望能够直观地观察到数量的真实分布情况。单凭一些统计量，我们无法对数据形状形成一个清晰的认识。但有些图表却可以帮我们轻松做到这一点，比如，直方图。直方图看起来很像条形图，而且经常被误认为是条形图，但两者其实是不一样的。前面讲过，借助条形图，我们可以轻松比较一个分类变量不同级别的数量，比如各个地区的人口数量。图 6.4 中的左侧图表就是一个条形图。

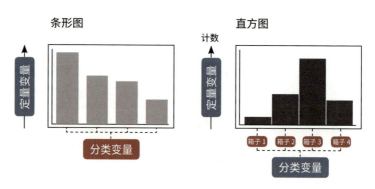

图 6.4　条形图与直方图的区别

基本直方图与条形图不同，因为它根本不使用任何分类变量。直方图中展现的是某一个定量变量的多个值在相邻的"箱子"与"桶"（覆盖整个数据范围）中是如何分布的。借助直方图，我们可以清楚地了解数值是如何分布的。比较图 6.4

中的左（条形图）右（直方图）两个图表，我们可以发现直方图中邻近的矩形条紧紧贴在一起，它们之间没有缝隙，而在条形图中，各个矩形条之间往往存在着较大的缝隙。

　　下面举个例子。比如，我们希望了解一下"大桥队"七位成员身高的分布情况，我们可以把他们的身高分别放入一个 3 英寸大小的箱子中，见图 6.5。我们可以看到第一个箱子里有一个人（玛丽娜），这个箱子是专门为身高大于或等于 63 英寸且小于 66 英寸的人准备的。玛丽娜的身高为 65 英寸，所以我们把她放入第一个箱子中。第二个箱子中有三名成员，分别是丹尼斯、莱瓦尔、盖茨，身高介于 66 英寸与 69 英寸之间

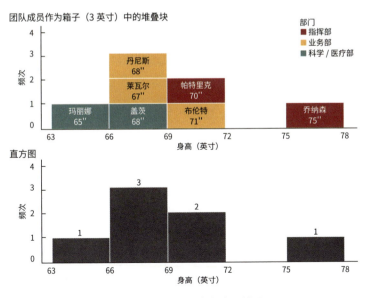

图 6.5　直方图形成方式：堆叠

的人都要放入这个箱子中。以此类推。请注意，每个箱子的上限不包含在当前箱子中，也就是说处在某个箱子上限线上的人会落入下一个箱子中。例如，乔纳森身高 75 英寸，75 英寸是 72~75 英寸箱子的上限值，所以我们没有把乔纳森放入 72~75 英寸的箱子（该箱子是空的）中，而是将其放入 75~78 英寸的箱子中。

图 6.5 底部的直方图是一个标准直方图，矩形高度与每个箱子（矩形）中容纳的成员数量成正比。

下面我们再举一个真实数据的例子。再回到世界银行国家及地区数据集，看看直方图能否清晰地向我们展现预期寿命变量的分布情况。

2017 年，预期寿命最高的地区是中国香港。在那里出生的人的预期寿命为 84.68 岁。该值是 2017 年数据集中的最大值。另一方面，中非共和国 2017 年的预期寿命为 52.24 岁，它是数据集中的最小值。由此可知，预期寿命的范围是 32.44 岁（84.68 减去 52.24）。

为了创建预期寿命直方图，我们以 5 年为单位把整个年龄范围划分成若干个箱子，50~55 岁是第一个箱子，55~60 岁是第二个箱子，以此类推，直到划完最后一个箱子（80~85 岁）。我们根据每个国家和地区的预期寿命将其放入对应的箱子中，把小矩形相互堆叠在一起，每个国家和地区用一个小矩形表示，如图 6.6 所示。

按不同预期寿命箱子叠加在一起的国家和地区数量

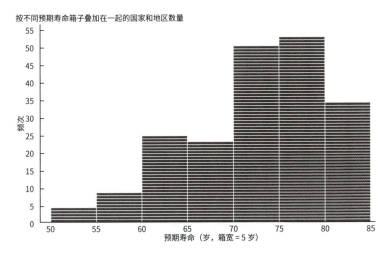

图 6.6　在各个预期寿命箱子中堆叠在一起的多个国家和地区

在图 6.6 中可以看到，第一箱子中有 5 个国家和地区，预期寿命在 50 至 55 岁之间，下一个箱子中有 9 个国家和地区，再下个一箱子中有 25 个国家和地区，依此类推。图 6.7 中展现的是一个标准直方图，去除了代表各个国家和地区的矩形分隔线，把原来的各个小矩形拼合在一起，在各个箱子中形成一个大矩形。

直方图中各个箱子的跨度可以修改，值得注意的是，当箱子大小不一样时，即便是完全一样的分布，其形状看起来也有很大不同。图 6.7 的直方图中，每个箱子的年龄跨度是 5 年，但也不是说它必须是 5 年。图 6.8 显示了四种不同的直方图，它们展现的是同一个数据集，即各个国家和地区预期寿命数据集。四个直方图中，各个直方图箱子的年龄跨度分别设置为 1

年（左上）、5 年（右上）、10 年（左下）、25 年（右下）。

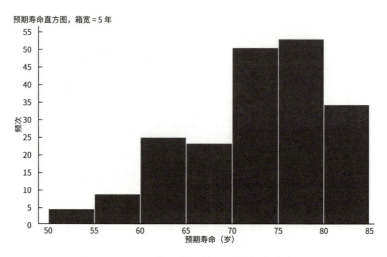

预期寿命直方图，箱宽 = 5 年

图 6.7　2017 年国家和地区预期寿命直方图

　　哪一个是最好的？很明显，当单个箱子的年龄跨度为 25 年时，直方图（图 6.8 右下）没多大用处。当然，这样的直方图对于数据的分布情况也没有反映太多。图 6.8 左上角的直方图是另外一个极端，其箱子的年龄跨度仅为 1 年，跨度太小导致其形状呈现出过多噪点。

　　比较四个直方图，可以发现把每个箱子的年龄跨度设置为 5 年是最合适的，前面图 6.7 的直方图中每个箱子的年龄跨度就是 5 年。观察箱子年龄跨度为 5 年的直方图，可以发现大多数国家和地区的预期寿命都处在 70~75 岁和 75~80 岁这两个箱子内。同时，还可以发现左边具有较低预期寿命的箱子形

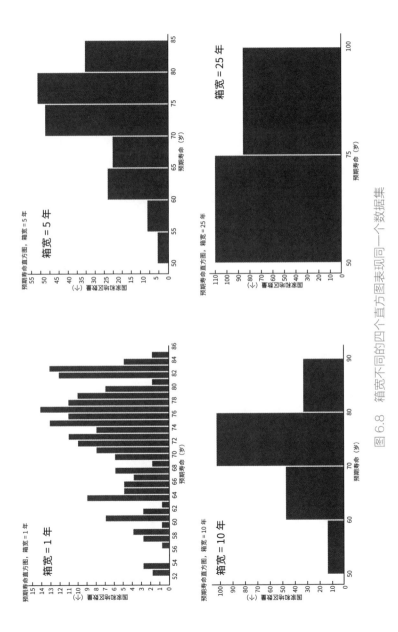

图 6.8 箱宽不同的四个直方图表现同一个数据集

成一条"长尾巴"。这一点在其他直方图中体现得不太明显。

制作直方图时，我建议你多尝试几种不同的箱子大小（区间大小）。事先很难预测哪个最有用，因此多尝试几种箱子大小，以及参数设置是很有必要的。

标准直方图与条形图确实不一样，它们不涉及任何分类变量，但这并不是说它们不能包含分类变量。例如，考察一下2017年不同收入组别或世界不同地区的预期寿命分布有什么不同。图6.9中显示了两组直方图，每组直方图展现一个分类变量（收入组别、地区），每个分类变量的一个级别对应一个直方图。

另请注意，图6.9中左侧这组直方图展现的"收入组别"是一个定序变量，各个直方图所在的行与颜色饱和度都暗示了"收入组别"这个变量的固有顺序，高收入在上，低收入在下，这一点我们在前面已经提到过。

你或许听说过"钟形曲线"（Bell-shaped Curve），也称为高斯分布或正态分布。这条著名的曲线是一条平滑的线（一个连续的概率函数），由卡尔·弗里德里希·高斯在1809年发现，当时他和其他学者研究在天文学和博弈游戏中的分布时都得到了这样一种形状。你可以看到，有些直方图看起来是钟形曲线，有些却不是。

为了展现直方图与高斯分布的关系，统计学家和图表制作者经常在直方图上叠加一条正态曲线，如图6.10所示。该

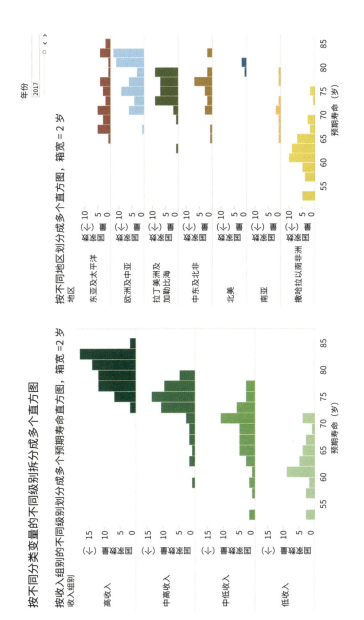

图 6.9 使用多个直方图分别展现两个分类变量的不同级别

叠加的正态曲线显示了底层分布的平均数和标准差。

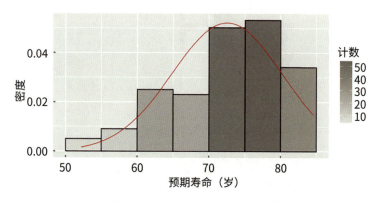

图 6.10　叠加了正态曲线的直方图

当然，很少有直方图能形成完全对称的分布。在现实世界中，分布曲线往往会向某个方向倾斜。如图 6.11 所示，正偏态分布右侧有一个长尾，它把平均数"拉"到比中位数更靠右的位置上。负偏态分布与正偏态分布相反，其左侧有一个长尾，它把平均数"拉"到比中位数更靠左的位置上。图 6.11

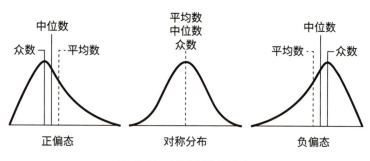

图 6.11　不同类型的偏态

中间图形展现的是一个完全对称的正态分布，集中趋势是三个量数的值是相等的。

下面我们讲一讲箱线图，这种图表能同时展现一个定量变量的集中趋势和离中趋势。

6.3 箱线图

关于一组数字的分布情况，还有另外一种图表可以给我们提供有价值的信息。这就是"箱线图"，有时又叫"箱须图"。箱线图在学术研究、统计和品质管理领域非常流行，但这些领域之外的人有时会看不懂它，也不喜欢使用它。

但真相是，箱线图其实很简单。箱线图是一种通过绘制线、区域（箱盒）来概括点图的方便方法，这些线、区域代表点图的各个四分位数。说到这里，有些人已经开始挠头了：四分位数是什么东西？！那我们先从四分位数讲起，懂了四分位数，箱线图就好理解了。

你还记得上学时参加标准化考试，最后得到的成绩是什么形式的吗？在美国（我长大的地方），当你参加完这些全国性的测验之后，主考机构一般都会告诉你一个百分位数。例如，你的成绩位于第 80 百分位数，这代表你的分数不低于 80% 的考生。

四分位数是特殊的百分位数，百分位数是 25% 的倍数。

第一个四分位数是第 25 百分位数，它是集合中所有数值由小到大排列后的第 25% 的数字。第二个四分位数是第 50 百分位数，也就是前面所说的中位数。第三个四分位数是第 75 百分位数。

我们举一个简单的例子，假设有 13 个学生参加了一次考试，他们的分数在 0 到 20 分之间，从小到大排列依次是 5、5、6、8、9、11、12、14、14、17、18、19、20。图 6.12 显示了这些分数中的四分位数是哪些。我们知道，中位数是一个有序数据集中处于中间位置的数，在本例中是 12。中位数把所有分数划分成低半部分和高半部分。第一个四分位数（第 25 百分位数）是低半部分的中位数，在本例中是 8。第三个四分位数（第 75 百分位数）是高半部分的中位数，在本例中是 17。

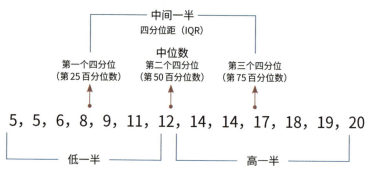

图 6.12　定义四分位数和四分位间距（IQR）

第一个和第三个四分位数之间的距离称为"四分位间距"，它也包含一半的数据。仔细想想，你会发现这是有道理的，因为 25% 和 75% 之间的差距正好是 50%。四分位数和中位数一起把一组数字分成几部分：低半部分、高半部分和中间部分。很方便，对吧？

那么，我们如何把四分位数和四分位间距的概念应用到真实数据中呢？我们怎样才能把前面介绍过的统计量表与图表结合起来，以帮助我们直观地观察数据是如何分布的呢？箱线图正是为此而生的。箱线图的发明要归功于美国统计学家约翰·图基（John Tukey），他在 1970 年撰写了相关文章。但是它很大程度是基于玛丽·埃莉诺·斯皮尔在 1952 年和 1969 年画的一种名叫“区间条形图”的图表。

从根本上，箱线图是从数据的点图开始的，它为四分位间距加了一个框，该框在中位数处一分为二。然后，在框外添加直线（“箱须”），延伸到集合中的最小值和最大值。图 6.13 是一个箱线图，它展现的是各国及地区的预期寿命情况。

箱线图是如何帮我们更好地理解数据的分布的呢？箱线图把数据分成几部分：

- 一半在箱盒内
- 一半在箱盒外
- 一半数据大于箱盒内的中位数线
- 一半数据小于箱盒内的中位数线

除了这些有用的“一半规则”之外，我们还看到数据的

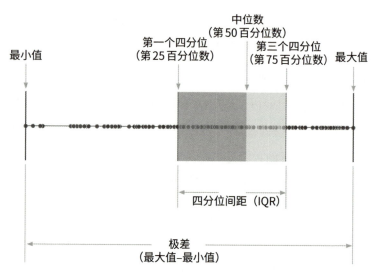

图 6.13　箱线图中线条和区域的含义

分布并非完美对称，在较小数据一端的箱须更长。我们还知道，有四分之一的数据在箱盒左边缘的左侧。类似地，有四分之一的数据位于箱盒右边缘的右侧。

通过给预期寿命添加连续的水平轴，我们可以把数字加到箱线图中，如图 6.14 所示。

展现 2017 年预期寿命的箱线图（箱须位于最大值与最小值处）

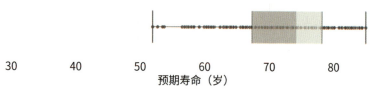

图 6.14　2017 年各国及地区预期寿命的箱线图

图表中有很多相互遮挡的点。大多数时候,这些点都会发生相互重叠和阻挡的情况。正因如此,许多箱线图干脆把这些点给省略了,见图 6.15 中最上方图表。处理这个问题的另外一种方法是添加"抖动",即让这些点在垂直方向上有一些微小而随机的波动,如图 6.15 所示。

使用箱线图展现 2017 年各国人口预期寿命(圆点隐藏)

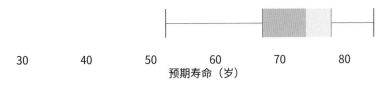

展现 2017 年各国人口预期寿命的箱线图(圆点带抖动)

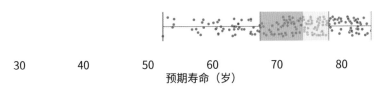

图 6.15 处理点遮挡的两种办法

与直方图一样,我们可以在同一个图表中同时使用多个箱线图,用来展现分类变量,以获得有趣的视角。例如,我们想知道 2017 年预期寿命在不同收入组别上的分布有何不同,我们可以把点分成四行,每一行对应"收入组别"(定序变量)的一个级别,排列顺序跟以前一样,如图 6.16 所示。

某些箱线图的构造方式有一个重要区别。前面讲过的箱线图中,箱须一直延伸到最小值和最大值。这样,我们就可以

使用多个箱线图分别展现不同收入组别下各国及地区人口的
预期寿命（数据点带抖动）

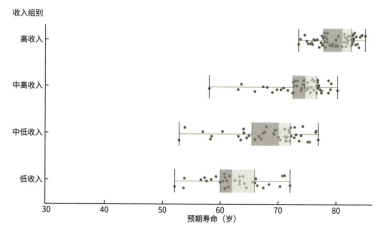

图 6.16　同时使用多个箱线图展现分类变量

很直观地看到整组数据的完整范围。

　　但有时，我们想知道数据集中是否存在异常值（该值与
数据集中的其他值有明显不同）。这个时候，图表制作者会调
整一下箱须，使其在箱盒边缘之外延伸至四分位距的 1.5 倍。
如果这个距离之外不存在任何值，那么箱须仍然会停在最小值
或最大值处。

　　仔细看一下图 6.17，它是按照收入组别绘制的预期寿命箱
线图，在其中两个箱线图中存在异常值。

　　请注意，其中展现高收入和低收入级别的箱线图看起来与
图 6.14 中的箱线图没什么不同。这是因为在箱盒的左右边缘之
外不存在超过 1.5 倍四分位距的数值。不过，中间两个箱线图

看起来确实有点不一样。箱盒左侧的箱须还没延伸到最后一个值就停止了，还有六个点（每个点各代表一个国家）在箱须之外。这些点就是异常值，每个点旁边的标签用来帮助读者识别各个国家。

使用多个箱线图分别展现不同收入组别下各国及地区人口的预期寿命（数据点带抖动，箱须为四分位距的 1.5 倍）

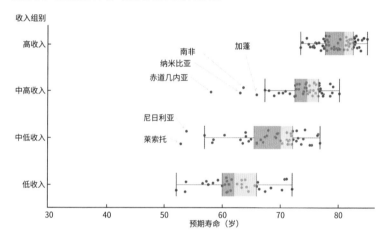

图 6.17　含异常值的箱线图（箱须延伸至 IQR 的 1.5 倍）

这就引出了如下一个图表识读技巧。

提示 #12：如果图表中存在一些有趣的值，比如异常值，一定要查询标签或注释来帮你识别它们。

当然，前面介绍的箱线图均支持添加其他视觉通道，图表制作者可以使用这些通道对数据集中的其他变量进行编码。例如，图表制作者可以给点上色，为定序变量添加不同的饱和度，或者为无序变量添加不同的颜色，如图 6.18 和图 6.19 所示。在图 6.18 中给点添加不同饱和度是一个冗余的操作，因为我们已经把收入组别的各个级别分在了不同的行中，而这些行的垂直位置已经体现出了各个收入组别的先后顺序。不过，使用不同颜色表示不同区域确实有助于在图表中添加新信息：我们可以清晰地看到，位于箱须之外的所有国家都在撒哈拉以南非洲地区。

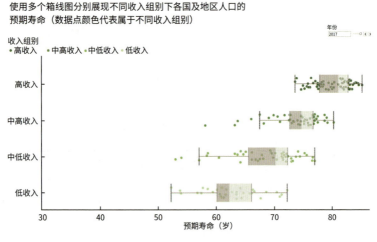

图 6.18　给数据点添加不同饱和度表示不同收入组别

　　最后，图表制作者也完全可以使用圆点大小来展现人口数量（定量变量）。根据圆点的大小，我们可以很容易地在图表中找到中国、印度、美国等人口较多的国家，如图 6.20 所示。

使用多个箱线图分别展现不同收入组别下各国及地区人口的
预期寿命（数据点颜色代表各国所在的地区）

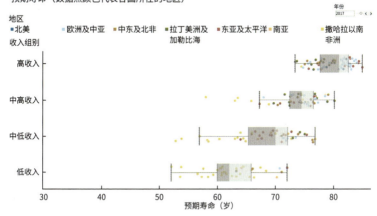

图 6.19　给数据点添加不同颜色表示不同地区

使用多个箱线图分别展现不同收入组别下各国及地区人口的
预期寿命（数据点颜色代表各国所在的地区）

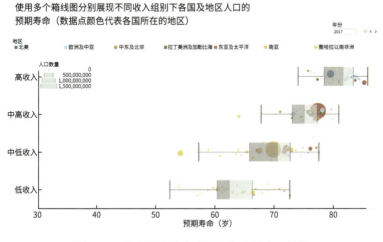

图 6.20　使用圆点大小（面积）表示人口数量

215

花一些时间研究一下箱线图，你就会发现理解它并不难。箱线图对于我们观察数据集中趋势和离中趋势很有用。在箱线图中，我们可以清楚地看到中位数、第一个四分位数、第三个四分位数、数据的总体分布，以及这组数字中可能存在的所有异常值。

但是，箱线图与前面提到的平均数、标准差有什么关系呢？某位维基百科用户创建了一个巧妙的图表，把箱线图、直方图与前面提到的集中趋势和离中趋势量数联系在一起。这个巧妙的图表展现了完美对称分布（高斯分布或正态分布）是如何在箱线图、直方图中体现的，以及不同的量数是如何排列的（见图 6.21）。请注意，因为正态分布是对称的，所以平均数、中位数和众数都是一致的。

还要注意的是，位于平均数上下一个标准差区域内的分布占比是 68.27%，这比箱盒内的读数（它是数值的一半，即 50%）要大。

本章中，我们一直在学习直方图和箱线图，以及它们如何展现一组数据的分布情况。不知道你是否注意到，本章中所有预期寿命的例子和数字都是基于 2017 年这一年收集的数据。也就是说，我们并不知道这些年来预期寿命是如何变化的。

但事实上，这些数据中蕴含着一个非常鼓舞人心的故事，因为它与时间有关，同时也是一个发人深省的提醒。把展现 1960 年到 2017 年预期寿命的直方图制作成动画，数据就会变

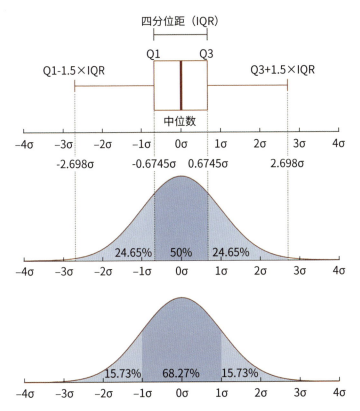

图 6.21　展现箱线图（顶部）和正态曲线（中间和底部）关系的图表

得栩栩如生起来，我们会看到在这个星球上人类的生活有了多么大的改善。

我们可以使用同样的方法对每个地区的直方图做同样的处理，这样就能看到世界各地的预期寿命都在增加。箱线图也可以做成动画，在动画中可以看到数据点在屏幕上向右跳动。

动画能够吸引人的眼球、鼓舞人心，但很难用来回答问题，而且也很容易错过异常值，因为它们一般都是在屏幕上一闪而过。因此，一个常用方法是播放动画来吸引观众的注意，然后给出一个静态画面，展现分布随时间的变化情况，如图6.22 所示。

使用多个箱线图展现全球人口预期寿命在半个世纪期间的变化趋势

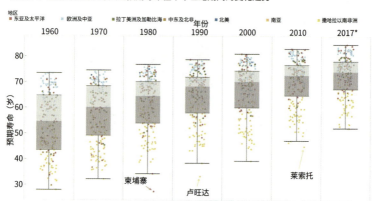

注：从上一个箱线图到现在不足 10 年

图 6.22　使用箱线图展现预期寿命随时间的变化情况

请注意，最右边一栏中的箱线图展现的是 2017 年收集的数据，距离 2010 年仅七年，而前面两个相邻的列之间相距十年。当出现类似不一致或不规范的情况时，最好在图表中明确指出来。在图 6.22 中，我们在 2017 年上加了一个星号，同时在箱线图中添加了一行注释，用来提醒观众。

观察这一系列箱线图，我们可以清楚地看到，随着时间的流逝，人类预期寿命的中位数也在上升。此外，随着各国人口寿命接近人类寿命的极限，四分位间距会逐渐变小。同时，数据的离散程度也一直在下降。

图 6.22 还展现了一些观众观看动态图表可能会错过的东西（因为动态图表播放速度很快），那就是：在过去半个世纪中，尽管世界各国及地区人口的预期寿命有了很大提高，但也有一些国家例外，比如 20 世纪 80 年代的柬埔寨、20 世纪 90 年代的卢旺达、2010 年的莱索托。

这是一个很好的提醒，世间仍有一些力量能够阻止人类在地球上取得巨大的成就。只要我们停止导致流血伤亡的民族和种族冲突，根除导致饥饿和疾病的贫富差距，我们就能改善每个人的生活状况，而数据将能够把我们的每次进步告诉子孙后代。

请大家务必牢记这一点。

第 7 章

寻找相关性

"学会观察，世间万物皆相互关联。"

——莱昂纳多·达·芬奇

上一章中，我们学习了如何观看单个定量变量的分布。认识编码和图表类型，能够让我们清楚地了解数据的形状，这一点非常重要，因为我们知道这个世界中包含了许多变化。如你所见，数据中的计数、测量值和读数也会以有趣的方式变化。

在本章中，我们会学习如何探寻两个或多个定量变量之间关系的本质。这个世界由各种现象之间令人着迷的联系组成。物理世界是一个生态系统，它以迷人的方式流动和变化着。亚马孙的树木每天从土壤中吸取大量水分，同时向大气中排放约 200 亿吨水，这甚至会影响到 5,000 多英里 [①] 外加利福尼亚州内华达山脉的积雪水平。

人类社会中也存在着各种看不见的联系。信息、金钱、注意力和权力不断易手，形成了无数的趋势和不平衡。例如，一些国家比其他国家富裕得多，较富裕国家的婴儿死亡率往往更低。虽然我们可以解释为什么财富和健康存在这种关联，但这里我们姑且不谈，大家只要知道两个变量之间存在关联就够了。

在统计学中，当两个定量变量之间存在某种关系时，我

---

① 　1 英里 =1,609.344 米。——编者注

们就说它们是相关的。在《会说话的数据》一书第 5 章的"诊断性分析"一节中，我们简单介绍了一下相关性，这里我们进一步讲解相关性，尤其是在视觉可视化方面。

对于相关性，一个常见的说法是：相关性并不一定是因果关系，但也不排除因果关系。它只是表现了两个变量的相关程度。在下面的学习中我们会讲到：因果关系的相关性（一个变量的变化直接导致另一个变量的变化）、虚假的相关性（看起来是因果关系，但实际上不是），还有一类有趣的相关性，涉及混淆变量，即与自变量和因变量均相关的变量。

通常，可视化两个定量变量之间相关性的最有效方法是使用散点图，在散点图中你可以同时看到它们。接下来，我们深入了解一下散点图是如何制作的。同时，结合我们对编码有效性的理解，分析一下散点图为什么那么有效。

◗ 7.1 散点图

回想一下第 1 章，分辨编码大小最有效的方法是，相对一条共同的基准线，根据不同大小，把标记放在相应位置上。这样，观众能够很容易地对相对比例做出准确的猜测，就像用尺子测量长度一样。前面我们学过点图，这种图使用位置编码数据中某个定量变量的值。上一章中，我们讲了箱线图，本质上它也是一种添加了四分位数参考线的点图。

如果你想使用同样的编码来展现两个变量的关系，那可以考虑使用笛卡尔坐标系。我们把第一个变量放在横轴（x轴或水平轴）上，把第二个变量放在纵轴（y轴或垂直轴）上，见图 7.1。

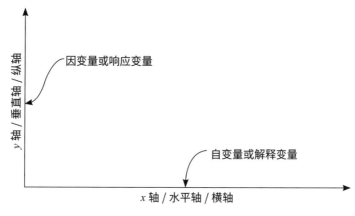

图 7.1　笛卡尔坐标系的第一象限

研究人员在使用笛卡尔坐标系时一般都会把"自变量"或"解释变量"绘制在横轴上，而把"因变量"或"响应变量"绘制在纵轴上。当然，这并不一定意味着自变量的变化会引起 y 变量的变化，而是说在实验中，他们选择 x 的一个值作为输入，然后观察它是如何影响 y 的读数（输出）的。

例如，在某次实验中，科研人员要求各个参与者在睡觉前使用一定时长的手机，时长各不相同，然后测量参与者睡了几个小时的觉。这个实验中，"手机使用时长"是自变量，"睡眠时间"是因变量。

通常，我们都是在历史数据中寻找一些变量，然后研究它们之间的关系，这其中不涉及任何实验。同样，我们可以遵循相同约定，把各个变量分别绘制在两个坐标轴上。

上一章中，我们考察了不同国家和地区的人口预期寿命情况。如果我们想知道预期寿命与国家和地区城市化程度之间的关系（以居住在城市地区的人口占比来衡量），该怎么办呢？有些国家和地区郊区或农村居民的占比较高，有些国家和地区城市居民的占比较高，在这两类国家和地区中，哪类国家和地区人口的预期寿命更长？

图 7.2 是一个散点图，展现了 1960 年这两个变量（城市人口占比与预期寿命）之间的关系。

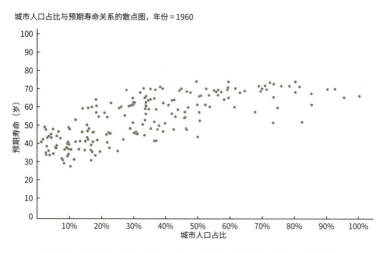

城市人口占比与预期寿命关系的散点图，年份 = 1960

图 7.2　展现 1960 年城市人口占比与预期寿命关系的散点图

每个圆点代表一个国家或地区。圆点的水平位置代表各个国家或地区城市人口的占比，垂直位置代表 1960 年在该国或地区出生的人的预期寿命。例如，在图 7.3 中，我们指出了代表俄罗斯（当时是苏联的一部分）的点，知道了圆点的位置，有助于理解这个位置是如何确定的，以及点云是如何形成的。

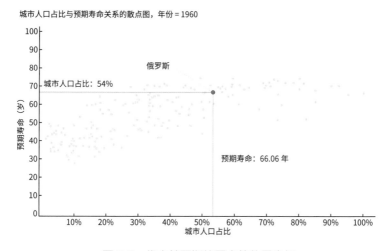

城市人口占比与预期寿命关系的散点图，年份 = 1960

图 7.3　代表俄罗斯的圆点的位置坐标

那么，这个散点图告诉我们 1960 年各个国家及地区的城市化和预期寿命之间有着什么样的关联呢？只扫一眼，我们就会发现左边的点看起来位置较低；右边的点位置更高，增长相对平稳。这似乎在暗示着什么，但我们还不太确定。有可能只是噪点而已。我们应该怎么查明真相？

在我们学习如何理解两个变量之间关系的类型和强度之

前，有一个非常重要的警告大家需要知道。对于数据，细节决定成败，每个变量都有自己的细节。

例如，我们如何判断哪里是城市地区，哪里是农村地区？是看人口密度、看某些基础设施（如公共交通）是否存在，还是看政府机构的形式？事实证明，各个国家或地区在划分人口时，不但会考虑上面这些因素，同时还会兼顾其他一些因素。以下是我们在世界银行网站的"详细信息"中读到的有关城市人口的内容。

"目前还没有一致且普遍认同的标准来区分城市和农村地区，其中部分原因是各国或地区情况各不相同。由于城市和大都市地区是各国根据自身情况认定的，因此应谨慎进行区域比较。"

除了数据的操作性定义不一致之外，通过进一步阅读细节内容，我们还了解到，联合国每年都会从各国或地区统计局收集这些数据，并且做平滑处理。到底怎么做的平滑处理，我们不太清楚。

有了联合国提供的数据，我们就可以对它们做进一步分析了，但是我们要明白一点，那就是我们看到的不是现实本身，而是关于现实的数据。数据与现实之间总是存在差距。

这引出了如下一个图表识读技巧。

提示 #13：找出图表中变量的操作性定义，了解数据是如何收集的，并考虑这些细节中蕴含了哪些潜在的警告。

◐ 7.2 回归

看散点图时，我们会认为自己看到了变量 x 和 y 之间的某种关系。我们如何定义所看到的关系类型，以及我们如何知道这种关系的强弱？在前面城市化和预期寿命的例子中，从散点图中我们发现了一个总趋势：点云整体上是倾斜的。我们怎样才能把观察到的结果再往前推一步呢？

我们可以在散点图上添加一条趋势线把观察到的趋势展现出来。这条趋势线又叫"最佳拟合线"，每个数据点与趋势线之间的垂直距离最小。趋势线有许多不同的类型，其中直线是最常见的。这就是所谓的"线性回归"，图 7.4 中显示了最佳拟合线，还有一个放大窗口，其中显示了其斜率的详细信息。

我们注意到最佳拟合线的斜率是正的，也就是说，拟合线从左到右逐渐升高。当然，城市化的允许值介于 0 和 100% 之间，这在一定程度上限制了模型及其回归线的范围和适用性。

回想一下代数知识，直线的斜率是垂直位置变化量与水平位置变化量的比值，或者"高度比长度"。当斜率为正时，沿着 x 轴向右移动，直线高度会增加，如图 7.4 所示。

高度与长度都是正的，两者的比值也是正的。当斜率为正值时，两个变量之间是正相关关系。正相关是指一个变量增长，另一个变量也跟着增长。

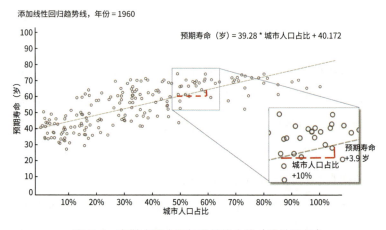

图 7.4　在散点图中添加最佳拟合线（线性回归）

不过，任何两个变量不一定都是正相关的，有些变量之间是负相关的，有些则完全没有相关性。最佳拟合线的斜率决定了是什么类型的相关性，如图 7.5 所示。负相关的趋势线的斜率是负的，不相关的趋势线是一条水平线，其斜率接近于零。

由最佳拟合线的方程（预期寿命 =39.28× 城市人口占比 + 40.17）可知，在 1960 年，城市占比比另一个国家或地区高 10 个百分点的国家或地区，其人口的预期寿命往往要长 4 年，即 39.28×0.10 = 3.928 ≈ 4 年。

例如，1960 年，巴哈马的城市人口占比为 60%，预期寿命为 64.74 岁；而美国在同一年的城市人口占比为 70%，预期寿命为 69.77 岁。两个国家城市人口占比相差 10%，预期寿命相差 5.03 年。真实世界的数据一般都比较混乱，所以应用这

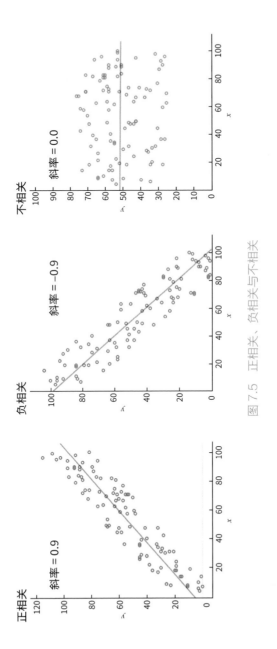

图 7.5 正相关、负相关与不相关

些模型时往往无法产生十分精确的结果。

如图 7.6 所示，我们选择比较的两个国家巴哈马和美国几乎都是直接位于最佳拟合线上。然而，并非所有国家或地区都是如此。有些国家或地区离最佳拟合线相当远。在图 7.6 中，我们可以找到一些国家或地区，这些国家或地区的城市化率较低，但其人口的预期寿命却要比其他国家或地区高得多，如挪威。

展现城市人口占比与预期寿命关系的散点图，选定国家有注释，年份 =1960 年

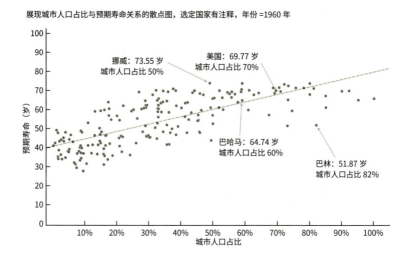

图 7.6 离最佳拟合线较近与较远的几个国家

这说明相关性并不一定包含适用于所有情况的普遍关系。可能有许多其他因素也在起作用，数据中也会有噪点。出于这个原因，了解一个相关性的强弱很重要。当两个变量有很强的相关性时，散点图上的各个点会相对靠近最佳拟合线。当两个变量是弱相关时，数据点彼此离得很远，它们会形成点云，而

不是一条直线的模样。

但这是一个非常模糊的标准，为了使评估更加具体明确，我们会计算"决定系数"（R^2）。强相关性的 R^2 值接近于 1，而弱相关性的 R^2 值接近于 0。两个完全相关的变量的 R^2 值为 1.0，这意味着变量 x 的变化完全决定了变量 y 的变化。R^2 为 0.5，这意味着变量 y 有一半的变化可以通过变量 x 的变化来解释。图 7.7 展现了不同强度的相关性。

在展现 1960 年城市化与预期寿命相关性的散点图中，两者的相关性为 0.55。因此，在 1960 年，预期寿命（因变量）55% 的变化可以由城市化（自变量）的差异来解释。两者的相关性不是特别强。在社会科学中，通常认为 R^2 值介于 0.25 到 0.64 之间是适中的。此时，我们会说两个变量之间存在一个中等强度的正相关关系。

不过，有一点需要大家注意：中等强度或强烈相关性并不能证明一个变量导致了另一个变量的变化。例如，一个国家把农村居民迁移到城市，我们不能说这样做会导致这个国家的人口预期寿命突然增加。相关性只是告诉我们变量之间存在某种关系，它并没有说这种关系一定是因果关系。

有些相关性是明显的因果关系。在夏季，你的煤气费可能偏低，因为室外温度较高，你是不会开加热器的。这是一种负相关（一个上升另一个跟着下降）关系，而且有充分的理由表明是一个变量变化导致了另一个变量变化。

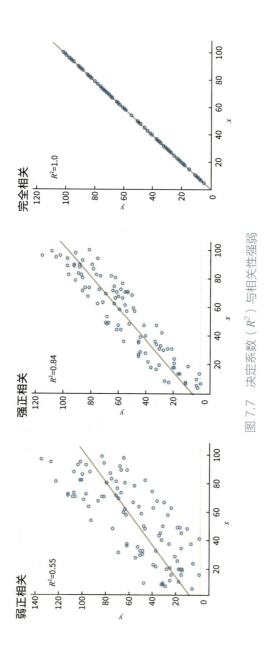

图 7.7 决定系数（R^2）与相关性强弱

但我们还可以找到一些例子，两个变量是相关的，但不是一个变量变化导致了另一个变量变化，它们的变化都是由第三个"潜在变量"（又叫"混杂因子"）引起的。例如，在西雅图市有大量房屋装修许可申请的月份，纽约市往往会出现大量鼠患投诉电话。在这个例子中，就不是一个变量引起了另一个变量的变化，不然就太荒谬了。

它们很可能都是由第三个变量（天气）引起的。西雅图市民不太可能在寒冷多雨的冬季装修房屋，而纽约市的老鼠（和人）也会在这几个月里找个地方藏起来，远离冰雪，人和老鼠碰见的机会很少。所以，相关性并不一定是因果关系。

结束这部分内容之前，再举一个两个变量之间存在紧密非线性关系的例子。回归类型并非只有线性回归一种类型，两个变量相关联的方式有很多种。我们考察一下一个国家的生活水平与其婴儿死亡率（每 1,000 名活产儿中的死亡率）之间的关系。绘制一个标准的散点图，展现 2018 年美国人均国内生产总值与婴儿死亡率关系，见图 7.8（a）所示。

在图 7.8(a) 的散点图中，所有数据点形成了一条对数曲线，根本不是直线。在图 7.8（a）中，人均国内生产总值的小幅增长会导致婴儿死亡率大幅下降。而在图 7.8（b）中，人均国内生产总值的大幅增长导致婴儿死亡率的下降幅度非常小。所以，当前的最佳拟合线（趋势线）是一条曲线，而非直线。

这两个变量之间是幂律关系，而不是线性关系。这是什

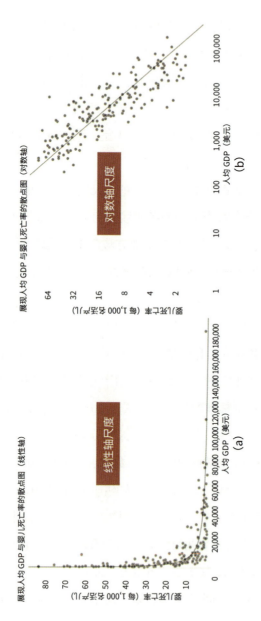

图 7.8 线性轴尺度与对数轴尺度

么意思？这意味着其中一个变量随着另一个变量的指数或幂的变化而变化。如果把两个坐标轴从线性尺度改为对数尺度，那么我们就可以用一条直线来描绘完全相同的回归模型，见图7.8（b）所示。

对数尺度不太容易理解，它甚至会让许多经验丰富的图表识读者感到迷茫和困惑。这是因为对数尺度下坐标轴的产生方式和标准的线性尺度完全不一样。在图 7.8（a）中，观察 x 轴上的刻度是如何从 0 美元上升到 20,000 美元，再到 40,000 美元，以此类推。我们可以发现每个刻度之间的增量是一样的，都是 20,000 美元。而在图 7.8（b）（对数尺度）中，x 轴上的刻度完全不是这样，直接从 1 美元跳到 10 美元，再跳到 100 美元、1,000 美元等。各个刻度之间虽然距离相等，但表示的数是 10 倍的关系。在 y 轴上也是类似的，只是两个刻度之间是 2 倍关系（1、2、4、8……），而非 10 倍关系。

这一切对于 2018 年人均 GDP 与婴儿死亡率这两个变量之间的真实关系意味着什么呢？仔细观察图 7.9 中的散点图（对数—对数尺度），可以发现人均 GDP 增长 10 倍，婴儿死亡率大约下降 4 倍。除了通过观察散点图得出上面结论之外，我们还可以通过如下公式计算出来：$y = 3437x^{-0.64}$。把 x 增加 10 倍，y 减少 $10^{-0.64}$（等于 0.25 或者 ¼）倍，即减少 4 倍。

比较两个定量变量时，我们能发现许多其他类型的关系。线性关系和幂律关系只是其中两个。

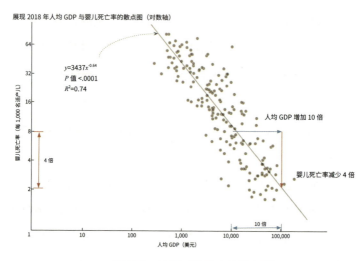

图 7.9　使用对数尺度的散点图

这就引出了如下一个图表识读技巧。

提示 #14：若图表数据已经应用了回归线等模型，请弄清楚它是什么类型的模型，以及它与数据的拟合程度。

到目前为止，我们讲到的散点图只使用两个通道对数据进行编码：水平位置和垂直位置。但其实，我们还可以使用其他多种视觉通道来进一步丰富图表，在图表中展现更多数据。接下来，我们考虑一下如何把散点图提升到下一个层次。

7.3 气泡图

前面介绍的散点图很有用，它向我们清晰地展现了数据中两个定量变量之间的关系。散点图使用最有效的编码通道来展现数据，即在共同尺度上的位置，而且用了不是一次而是两次！纸面或屏幕是一个二维平面，散点图利用了这一点，使用水平位置来编码一个变量，使用垂直位置来编码另一个变量。

但到目前为止，我们介绍的散点图中的圆点大小完全相同。其实，我们可以在散点图中添加第三个变量，使用圆点的大小（圆点面积）来表示它。回顾一下蒙兹纳制作的有效性列表，我们可以发现面积的有效性低于位置，只有使用有效性较低的通道来表现一个不太重要的变量时，我们才会遵循有效性准则。在散点图中，我们希望用最有效的通道（位置）编码两个最重要的变量。

那么，我们使用圆点大小表示哪个变量合适呢？从技术角度讲，使用圆点大小来表示任何一个有顺序的变量都可以，比如定序变量、定距变量或定比变量。但根据可表达性准则，我们最好使用它来展现国家或地区本身的大小，比如国土面积或人口数量等。在散点图中使用圆点大小来表示各国或地区人口数量，散点图就变成了气泡图，如图 7.10 所示。

在图 7.10 中，较大的圆点代表的是人口较多的国家或地区，比如中国、印度、美国，而较小的圆点则代表人口较少的国家或地区。图表中的圆点都是半透明的，且带白色边缘，这样当圆点彼此重叠时，我们能比较容易地区分它们。

但这还不够！当前图表中所有圆点都是相同的灰色调。前

按人口数展现 1960 年城市人口占比与预期寿命关系的气泡图

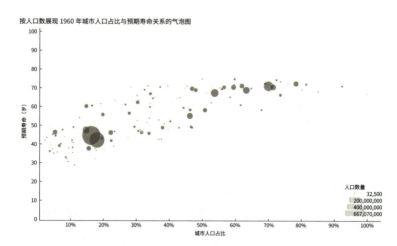

图 7.10　展现城市化和预期寿命关系的气泡图（圆点大小代表人口数量
多少）

面我们曾介绍过两种使用颜色的方式，这里都试一试。首先，
我们使用颜色饱和度对第四个定量变量（城市人口数量）进行
编码（展现）。在图 7.11 中，圆点的蓝色饱和度越高，相应国
家或地区的城市人口数量（以人数而非百分比衡量）就越多。

　　仔细想想，你会发现城市人口数量其实可以从图表中的
其他两个变量推导出来，即用国家或地区总人口（圆点面积大
小）乘以城市人口占比（圆点水平位置）。

　　不过，这也增加了我们对图表的理解难度，从图 7.11 中可
以看到，尽管中国和印度（左边两个最大的圆圈）城市人口的
占比较低，但就绝对值而言，它们的城市人口数量要远远多于
其他许多人口较少的国家或地区。这也消除了我们的一个错误

展现 1960 年城市人口占比与预期寿命关系的气泡图（圆点大小代表人口数量和颜色深浅代表城市人口占比多少）

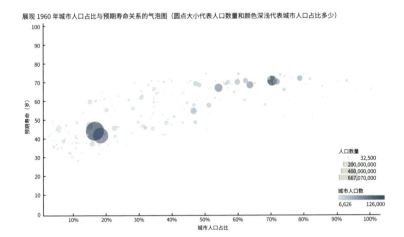

图 7.11　在气泡图中使用颜色饱和度编码第四个定量变量

观念，即认为图表左边所有国家或地区几乎没什么城市人口。

　　当然，我们也可以给图表中的各个圆点（气泡）添加不同颜色，把对应国家或地区所属的区域展现出来。颜色饱和度适于展现城市人口等定序变量，而颜色色相适合于展现无序变量，比如世界各大地区。根据各个国家或地区所属的区域，给各个圆点着以不同颜色，如图 7.12 所示。

　　图 7.12 中的气泡图有两个图例，一个是左上角的色相图例，另一个是右下角的圆点大小图例。

　　这就引出了如下一个图表识读技巧。

　　提示 #15：注意观察图表中的不同图例，看看它们如何展现除位置之外的其他编码通道，比如大小、颜色或形状。

　　到目前为止，我们介绍的所有散点图和气泡图展现的都

241

展现 1960 年城市人口占比与预期寿命关系的气泡图（圆点大小代表人口数量和不同颜色代表不同地区）

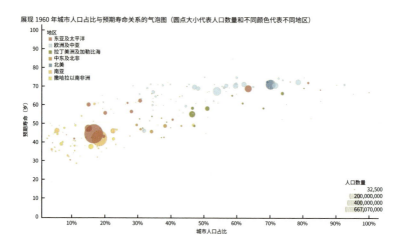

图 7.12　在气泡图中使用颜色色相编码分类变量——地区

是某个时间段内（一个特定年份——1960 年）两个变量之间的关系。但是，最近城市化和预期寿命之间的关系是什么样的？这种关系是否随着时间的推移而改变？

7.4　随时间变化的相关性

我们可以使用前面介绍的各种图表来展现相关性是如何随着时间变化的。例如，我们可以把两个气泡图并排放在一起，一个是 1960 年的，另一个是 2017 年的，如图 7.13 所示。在图 7.13 中，左边气泡图展现的是 1960 年的数据，它采用的是我们在第 5 章中介绍的"从左到右"的约定。

比较这两个并排的气泡图，我们可以发现在 1960 年到 2017

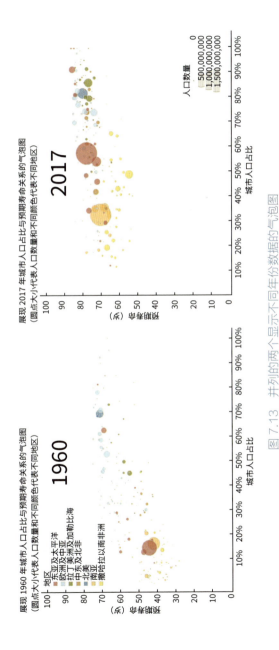

图 7.13　并列的两个显示不同年份数据的气泡图

年这段时间里，圆点云整体往上升，各国及地区人口的预期寿命
都有了明显的提高。由于这两个气泡图中的 x 轴一样，y 轴的最
大值都是 100 岁，所以我们可以比较两个图中圆点的高度。不过，
这种并排方式不利于我们比较两个气泡图中圆点的水平位置，因
为它们没有共同的垂直基线，即城市人口占比为 0 的基线。

　　这种排列方式也有其他缺点。从这两个并排的气泡图中，
我们不知道 1960 年到 2017 年发生了什么。除此之外，我们也
很难从图表中看出某个国家或地区在不同年份之间是如何变化
的。为了解决这个问题，我们可以使用线条把表示各个国家或
地区一个时间段（这里是 1960 年至 2017 年）内的各个散点全
部连接起来，如图 7.14 所示。在图 7.14 中，我们可以看见世

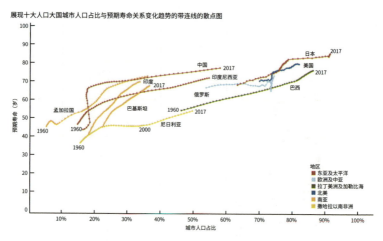

图 7.14　使用带连线的散点图展现十个国家城市化和预期寿命关系变化
的情况

界上人口最多的十个国家的城市化和预期寿命之间的关系在
1960 年至 2017 年间是如何变化的。

带连线的散点图能够反映某种关系随时间变化的情况，
但时间不是标在 x 轴或 y 轴上，而是标在散点的连线上。在带
连线的散点图中，x 轴与 y 轴（位置）也是用来表示两个关键
定量变量的，这与基本的散点图一样。图 7.14 中，每个圆点
代表某个时间点，这些圆点散布在由城市人口占比与预期寿命
构成的二维空间中。我们使用线条从左到右把同一个国家的各
个圆点连接在一起，表示 1960 年的圆点是起点，然后连表示
1961 年的点，再连表示 1962 年的点，以此类推，最后形成一
条趋势线。

有时这种图会令人困惑，因为时间流逝的方向不一定就是
从左到右的。在图 7.14 中，圆点一般都是从左到右、从下到上
运动的，但有时它们也会掉转方向，往相反的方向运动。

以代表俄罗斯的浅蓝色曲线为例，在 1991 年苏联解体后
的几年里，俄罗斯人口的预期寿命有明显下降。带连线的散点
图有时很好用，有时也会让人困惑，具体要看圆点随时间推移
所走的路径是什么样的。

为了避免这个问题，我们可以把气泡图制作成动画，让
气泡随着时间的推移从过去变化到现在。这种方法由瑞典医
生、学者和公共演说家汉斯·罗斯林（Hans Rosling）提出，
他做了一场名为"你见过的最好的数据统计"的演讲，目前网

络播放量超过 1,400 万次。

可以看一下图 7.15，它展现了气泡图的整个动态变化过程。

展现 1960—2017 年城市人口占比与预期寿命变化关系的动态气泡图（带历史标记）

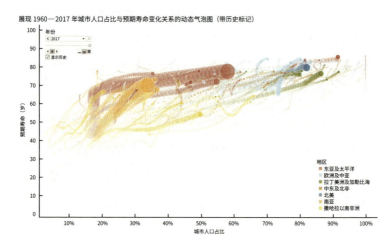

图 7.15　展现每个圆点年度位置变化的动态气泡图

最后一种用来展现两个定量变量随时间变化趋势的方法是双轴图，它有点类似折线图，与散点图也有点像，但散点图只有一个纵轴，而双轴图有两个纵轴。使用双轴图展现城市化与预期寿命关系随时间变化的趋势时，我们把时间从左到右放在横轴上，而把两个定量变量分别放在两条纵轴上，图左右各有一条纵轴。如图 7.16 所示，两个图形都可以是线条，也可以一个是线条，另一个是矩形条。

在图 7.16 中，双轴图向我们展现了英国城市化和人口预期寿命是如何随着时间的推移而变化的。尽管双轴图看起来很清楚，也很有效，但也有可能产生很大的误导，许多数据可视化专家建议不要使用它。

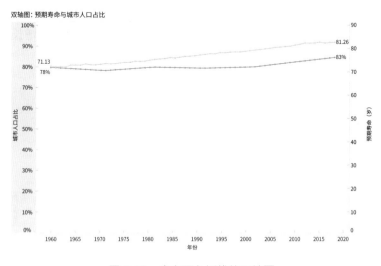

图 7.16　含有两条折线的双轴图

这是为什么呢？双轴图主要有两大缺点。第一个缺点显而易见，那就是双轴图同时只能展现同一个主体的两个定量变量。你能想象把多条折线和多个矩形条放在同一个双轴图中会是什么样子吗？那将会是一片混乱。

第二个缺点不太容易看出来。观看图 7.16 中的双轴图，可以发现自 1960 年以来，英国人口预期寿命的增长速度超过了城市化速度。看起来的确是这样，两根线条同时从左侧开始，而且代表预期寿命的蓝线要比代表城市化的灰线上升得更快。即使是图表识读专家，看到图 7.16 也会得出同样的结论。

图 7.17 中显示的是双轴图的另外一个版本，请将其与图 7.16 做一下比较。两个双轴图展现的是同样的数据，但反映出来的情况好像不一样。起初城市化和预期寿命看起来增长相对缓慢，然后从 2000 年初城市化开始突飞猛进。

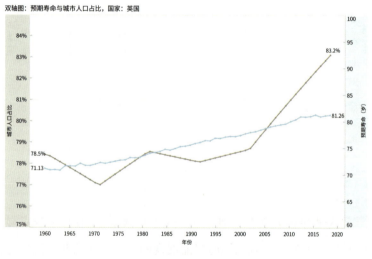

图 7.17　带有不同轴限制的双轴图

两个双轴图的唯一区别是纵轴的起点和终点不一样。看一下两个双轴图，比较每个纵轴上的刻度标签。纵轴起点（非数据）不一样决定了两根线条在哪里交叉，以及线条相对于彼此的倾斜程度。正因如此，我们才需要谨慎对待双轴图，请务必确保结论来自数据本身，而非图表的某些技术性配置。

第 **8** 章

用新眼光看待一切

"发现之旅不在于寻找新的风景，而在于拥有新的眼光。"

—— 马赛尔·普鲁斯特

本章是我们探索之旅的终点。前面我们学习了很多数据可视化语言的相关知识，认真研究了许多图表类型及其各种不同的变体。从条形图到折线图，再到树图，这些数据可视化图表呈现出了丰富的"纹理细节"供我们探索，还有陌生的编码信息供我们去解读。

解读这些图表的过程中，我们进一步了解了眼睛、大脑的工作原理和工作方式。同时，还了解了图表迷惑和误导我们的一些方式。在这类图表上，我特意加了一个"数据陷阱警示"标牌，提醒大家注意图表中的错误，包括带有截断轴的条形图、加起来不到 100% 的饼图、时间段不完整的折线图，以及其他一些常见图表错误。

我们还研究了人们看到这些图表第一反应的本质。我们不断挑战自己，超越"看"这个浅显的层次，不断努力，最终到达"看懂"的境界。这正是我们的"缪斯女神"——玛丽·埃莉诺·斯皮尔给出的告诫。本书引言中引述了她的话，值得我们反复回味。在这里，请问一问自己：是否对自己排除万难的能力更有信心了？

学会看细节。盯着图表看，跟看进去完全是两码事。"盯着看"只能得到粗浅的视觉印象，而"看进去"则指的是从不同角度深入研究图表的方方面面。

为了帮助大家回顾及运用前面讲过的图表识读技巧，我对这些技巧做了整理。我把前面讲的 15 条图表识读技巧整理如下，供大家参考。

8.1 15 条图表识读技巧

（1）思考一下，图表中显示了哪些数据，以及哪些相关数据可能没显示出来。

（2）搞清楚数据中的哪些变量对应于（编码）图表中的哪些视觉通道。

（3）若图表中存在连续坐标轴，请注意观察它们的起点和终点。

（4）问问自己，图表的编码和设计方式是否有助于你回答那些最重要的问题。

（5）如果图表表达完整性或完备性，请确保图表的各个组成部分符合 MECE 原则——相互独立与完全穷尽。

（6）如果图表中展现了某个随时间变化的趋势，请一定要明确时间前进的方向。它可能是从左到右的，也可能不是。

（7）如果图表中展现了某个数值或价值，确定一下哪个方向对应的是"更多""更好""更高"。它有时是自下而上，有时不是。

（8）当图表中显示的数据按时间段划分时，请核实这些时间段是否都是完整的，有些时间段可能只是一部分。

（9）想一想，从图表中，我们又发现了一些什么新问题，以及回答这些问题还需要哪些信息。

（10）通过图表了解某个主题时，多尝试使用不同的编码和排列方式来观看同一个数量和类别。

（11）思考图表中的数据是如何统计汇总的（总和、平均数、中位数等），该汇总方式是否有助于回答你最关心的问题。

（12）如果图表中存在一些有趣的值，比如异常值，一定要查询标签或注释来帮你识别它们。

（13）找出图表中变量的操作性定义，了解数据是如何收集的，并考虑这些细节中蕴含了哪些潜在的警告。

（14）若图表数据已经应用了回归线等模型，请弄清楚它是什么类型的模型，以及它与数据的拟合程度。

（15）注意观察图表中的不同图例，看看它们如何展现除位置之外的其他编码通道，比如大小、颜色或形状。

8.2 下一步干什么？

当你具备了解读图形、图表等的能力后，接下来，就该学习如何处理原始数据了。处理数据涉及数据准备与分析等过程，主要包括：深入研究数据、探索数据形态、旋转数据、从多个角度观察数据、发现其缺陷，并自行处理数据。只要让别人替我们做这些数据准备和分析工作，我们被误导或欺骗的风险就会大大增加。

为此，我专门编写了《会说话的数据》一书，帮助大家学习从数据中提取有用知识（洞见、智慧）的技能，这些洞见和智慧别人是不会告诉你的，只能靠你自己从数据中提取。最终，你会具备从数据中提炼知识，增长智慧的能力，进而做出更明智的决策。当今这个时代，数据分析是每个人必不可少的一项技能。